# 放

## 人生没有什么
## 不可以放下

席昆◎编著

成都地图出版社

图书在版编目 (CIP) 数据

放下：人生没有什么不可以放下 / 席昆编著 . —成都：
成都地图出版社有限公司 , 2024.5
ISBN 978-7-5557-2519-0

I.①放… II.①席… III.①人生哲学—通俗读物
IV.① B821-49

中国国家版本馆 CIP 数据核字 (2024) 第 107570 号

## 放下 : 人生没有什么不可以放下
FANGXIA : RENSHENG MEIYOU SHENME BUKEYI FANGXIA

编　　著：席　昆
责任编辑：杨雪梅
封面设计：春浅浅
出版发行：成都地图出版社有限公司
地　　址：成都市龙泉驿区建设路 2 号
邮政编码：610100
印　　刷：三河市泰丰印刷装订有限公司
开　　本：710mm×1000mm　　1/16
印　　张：11
字　　数：130 千字
版　　次：2024 年 5 月第 1 版
印　　次：2024 年 5 月第 1 次印刷
定　　价：49.80 元
书　　号：ISBN 978-7-5557-2519-0

# 前　言

　　放下，是一种超然的境界。放下，是为了能拿得起。

　　人生赢在勇于放下、懂得取舍、用心包容。以勇气放下包袱，以冷静掌控抉择，以平和面对得失，以中庸拒绝极端，以出世的心做入世的事，人生必将快乐、豁达、成功。

　　放下，便得自在。放下是人生的大境界，是一种超然，一种解脱。很多事情的混沌与开窍，往往就在一瞬间。"世上本无事，庸人自扰之。"当一切如白驹过隙，如过眼烟云，你总会在一刹那，思想如电光石火般醍醐灌顶。于是，放下就成了一种境界。

　　人生赢在勇于放下，拿得起又放得下，才是真正无怨无悔的人生。一个人总会遇到很多难以诉说的烦恼，或生活，或事业，或感情；也总会遇到顺逆之境、迁调之遇、进退之间的各种情形与变故。此时，不要让身外之物牵绊我们的身心，该放下的一定要放下。

　　当你为生活的种种烦恼感到困惑、承受压力时，给你的生活开一扇窗，试着放下那些芜杂与纷繁，放下所有的负担，你将会活得旷达洒脱。在人生的旅途中，达到放下一切外物、不为纷扰所动的境界，人自然就会轻松无比，看世界则天蓝海碧、山清水秀、风和日丽、月明星朗。

人生一世，面对无限的诱惑与磨难，往往在放不放下、舍不舍得、包不包容之间犹豫、彷徨、烦恼。在人生的单行道上，放下心中的纷扰，不计较外物的得失，包容他人的过失，拥有一个豁达、通透的心境，才能让生活更加充实，让人生更加从容。

本书采用精练而富含哲理的语言，结合生动的事例，对"放下"这种人生智慧进行了深入浅出的论述，为读者提供了一种健康的人生心态、一种正确的生活态度、一种获得成功与幸福的方法、一种达观的人生境界，让读者能够更好地享受生活、成就大业，更好地经营自己的人生。

# 目　录

 ## 尝试放下，
## 开始幸福的人生

 ## 学会放下，
## 享受生活的每一天

## Part 3　放下愤怒，别让愤怒霸占了生活

## Part 4　放下抱怨，争取幸福的未来

## Part 5 抛开忧虑，还心灵一份宁静

## Part 6 放下之后，人生方自在

Part 1

尝试放下，
开始幸福的人生

# 放下包袱，重拾快乐

从前，有一个富翁背着很多金银财宝，到远处去找寻快乐。可是他走过了千山万水，也未能找寻到快乐，于是他沮丧地坐在山道旁。正好一个樵夫背着一大捆柴从山上走下来，富翁问樵夫："我是个人人羡慕的富翁，为何不能感到快乐呢？"

樵夫放下沉甸甸的柴，舒心地揩着汗水说："快乐很简单，放下就是快乐。"富翁顿时开悟：自己背负那么重的财宝，老怕别人抢，总担心被别人暗害，整日忧心忡忡，哪有快乐可言呢？于是富翁将财宝用于接济穷人，一心向善。结果，他也尝到了快乐的味道。

大千世界，满是诱惑，如果什么都想要，舍不得放下，你就会感到累。

一场大战后，敌军撤走了，却丢弃了大量财物，一位农夫和一位商人连忙去街上寻找财物。他们找到了一大堆未被烧焦的羊毛，两人就各分了一捆并背在自己的背上。

归途中，他们又发现了一些布匹，农夫将身上沉重的羊毛扔掉，选了自己扛得动的质地优良的布匹，而贪婪的商人将农夫丢下的羊毛和剩余的布匹统统拿走，重负让他气喘吁吁、行动缓慢。走了不远，他们又发现了银器，农夫将布匹扔掉，拣了些优良的银器背上，商人却因沉重的羊毛和布匹压得他无法弯腰而作罢。这时，突然下起大雨，饥寒交迫的商人背上的羊毛和布匹被雨水淋湿了，他踉跄着摔倒在泥泞当中，而农夫却一身轻松地回了家，变卖了银器，生活从此富足起来。

纵观一个人的人生道路，大都呈波浪起伏、凹凸不平之势，难怪古人要说"变故在斯须，百年谁能持"。所以，我们要懂得放弃。放弃的结果可能就是快乐重回身边。一个奥运会柔道金牌得主，在连续获得 203 场胜利之后突然宣布退役，而当时他才 28 岁，因此很多人猜测他出了什么问题。其实不然，他是明智的，因为他感觉到自己运动的巅峰状态已经过去了，而以往那种求胜的意志也不再强烈，这才主动宣布退役，当了教练。他的选择虽然看起来是失去，甚至有些无奈，然而，从长远来看，却也是一种如释重负、坦然平和的选择。比起那种硬充好汉的人，他才是英雄，因为他消失于人生最高处的亮点上，给世人留下的总是一个微笑。

有得必有失，有失才有得。人不能没有追求，没有追求生命就没有意义，但要懂得走进去，还要走出来。

# 要"放得下"

生活在五彩缤纷、充满诱惑的世界上，每一个心智健全的人都会有很多憧憬和追求。不然，他便会显得胸无大志、自甘平庸。然而，历史启发我们：必须学会人生的另一课——放得下！

现实生活中，同样需要有放得下的智慧。当你与人发生矛盾或冲突时，只要没有涉及原则问题，完全可以放弃争强好胜的心理，这样往往可以化干戈为玉帛，避免两败俱伤，因为争论的结果十有八九是使对方更加相信他自己是绝对正确的。当你与家人发生摩擦时，放弃争执，保持缄默，就可以唤起家人的恻隐之心，让家庭保持和睦温馨……

然而，在现实生活中，"放不下"的事情实在太多了。

比如子女升学，家长的心就常常放不下；比如遇到挫折，经历失落，或者因说错话、做错事受到上级和同事指责，于是心里有个结解不开，放不下。总之有些人就是这也放不下，那也放不下，心事不断，愁肠百结。长此以往，总有一天会产生心理疲劳，乃至发展为心理障碍。

科学家贝弗里奇指出："疲劳过度的人是在追逐死亡。"我国唐代著名医学家孙思邈指出："养性之道，常欲小劳，但莫大疲……莫忧思，莫大怒，莫悲愁，莫大惧……勿汲汲于所欲……"由此可见，过度疲劳与过重的心理负担有损健康和寿命。

　　事实也是如此，有的人之所以感到生活很累，打不起精神，未老先衰，就是因为习惯于将一些事情积压在心里，始终放不下，结果在心里刻上一条又一条"皱纹"，把"心"折腾得劳而又老。

　　学会放下，就是知道自己在摸到一张不好的"牌"时，不再执着地想这一局成为赢家，而是歇口气，期待下一局赢回来。

# 放弃是一种智慧

我们时时刻刻都在面临放弃和被放弃。你必须明白，并不是所有的探索都能发现鲜为人知的奥秘，并不是所有的跋涉都会胜利，并不是每一滴汗水都会有收获，并不是每一个故事都会有完美的结局。所以，我们应该学会放弃，懂得这点，也许你就会在失败、迷茫、愁闷时，找到平衡点，重新定位人生。

很多人都有贪婪的毛病，有时候抓住自己想要的东西不放，就会为自己带来压力、痛苦、焦虑和不安。往往什么都不愿放弃的人最终都会一无所获。

放弃是一种智慧。尽管你的精力过人，志向远大，但时间往往会限制你难以同时完成许多事情，正所谓："心有余而力不足。"就如把很多食物同时塞进口中，塞得太满，不仅肠胃消化不了，连嘴巴都可能动不了！所以，在众多的目标中，我们必须依据现实进行选择。

一位有多年临床经验的精神病医生，在退休后撰写了一本书。这本书足足有 1000 多页，介绍了各种病情及情绪治疗办法。

有一次，他受邀到一所大学讲学，他拿出这本书，说："这本书有1000多页，里面涉及的治疗方法有3000多种，药物有10000多种，但所有的内容可概括为四个字。"

语毕，他在黑板上写下了"如果，下次"。

医生说，造成精神问题的几乎全是"如果"这两个字，"如果我考进了大学""如果我当年不放弃她""如果我当年能换一项工作"……医治方法有数千种，归结起来只有一个，就是把"如果"改成"下次"，"下次我有机会再去进修""下次我不会放弃所爱的人"……

天下有两种人，在一串葡萄到手后，一种人先挑最好的吃，另一种人把最好的留在最后吃，他们都很悲伤。前者认为他吃的葡萄越来越差，后者认为他吃的每一颗都是最坏的。这是因为前者只有回忆，他常用以前的东西来衡量现在，所以不快乐；而后者只顾眼前，所遇到的都是不好的，同样不快乐。

为什么不这样想：我已经吃到了最好的葡萄，没什么遗憾；我留下的葡萄和以前相比，都是最棒的，为什么要不开心呢?

这其实就是生活态度问题，它决定了一个人的情绪。

如果不懂如何选择与放弃，那么就永远都不会快乐。

漫漫人生路，只有学会放弃，才能轻装前进。一个人倘若将一生所得都背负在身，那么纵使他十分强壮，也会被压倒在地。在人生的关键时刻，懂得放弃小利益，不为小恩小惠所动，肯定会大有收获。当然，用自己的利益做赌注，即使再小，也并非所有人都愿意去做，这就要求我们要有长远的眼光，要敢于下注。

有一个聪明的年轻人，很想强过任何人，成为一名大学问家。可是，许多年过去了，他在其他方面都不错，唯独学业没有长进。他很苦恼，于是去请教一位大师。

大师说："我们登山吧，到山顶你就知道该如何做了。"

那山上有许多好看的石头。每当年轻人见到自己喜欢的石头时，大师就让他装进袋子里背着，很快，他就吃不消了。"大师，再背的话我就难以动弹了，更别说到山顶了。"他疑惑地望着大师说。"是呀，你该如何做呢?"大师微微一笑说，"该放下而不放下，背着石头怎能登山呢?"

年轻人一愣，豁然开朗，向大师道了谢就走了。之后，他一心做学问，进步飞快……

其实，人要有所得必要有所失，只有学会放弃，才能达到人生目标。

生活中会有挫折，很多时候我们需要学会放手，放手不代表对生活的失职，它也是人生中的契机。然而放手比紧握要难，因为需要更多的勇气。

总体来说，放弃是一种境界；放弃是金，是一门学问；放弃是美好事物的又一个开始，是新的起点，是错误的终结。放弃，对心境是一种放松，对心灵是一种滋润。有了它，人生才能有爽朗坦然的心境；有了它，生活才会阳光灿烂。所以，卸下包袱，放开你心里的风筝线，不要让风筝把心带走，而要让你的心和风筝一样自由地翱翔！记住，有一种智慧叫"放弃"！

# 放弃是为了更好地选择

歌德说："性命的全部奥秘就在于为了生存而放弃生存。"

放弃是一门艺术，是人生的必经之路。没有果断的放弃，就没有辉煌的选择。与其苦苦挣扎，拼得头破血流，不如勇敢地选择放弃。

人生在世，要放弃很多东西。在仕途中，放弃对权力的争夺，得到的是宁静与淡泊；在淘金的过程中，放弃对金钱无止境的追逐，能获取安宁；在利益面前，放弃眼前的小利，得到的是长远的大利。

一个青年非常羡慕一位富翁取得的成就，于是他跑到富翁那里取经。

富翁明白青年的意图后，什么也没有说，拿来了三块大小不同的西瓜。青年迷惑不解地看着。

"如果西瓜代表利益，你会如何选择呢？"富翁一边说，一边把西瓜放在青年面前。

"当然是选最大的那块！"青年毫不犹豫地回答。

富翁笑了笑："那好，请用吧！"

富翁把最大的那块西瓜递给青年，自己拿起最小的。青年还在享用最大的那一块时，富翁已经吃完了最小的那一块。接着，富翁得意地拿起剩下的一块，特意炫耀了一下，大口吃了起来。那两块加起来要比最大的那一块大得多。

青年顿悟：富翁吃的瓜虽没有自己的大，加起来却比自己吃得多。如果每块代表一定程度的利益，那么富翁赢得的利益便多于自己。

吃完西瓜，富翁讲述了自己的成功经历。最后，他教诲青年道："要想成功就要学会放弃，只有放弃暂时的利益，才能获得未来的大利，这就是我的成功经验。"

很多时候，等到我们把事情做完后才发现，原来这件事要耗费那么多精力和时间。而如果用同等的精力和时间去做别的事情，虽然暂时收获不大，但是做的事情却多得多，总的利益也比做一件事情要多得多。所以，只有放弃眼前的蝇头小利，才能收获更多。

在人生中，只顾眼前利益的人，虽然会暂时表现得相当出色，但是缺少一种对未来的把握和规划能力。只有懂得舍弃，才有可能登上人生境界的顶峰，获得大利。

该放什么，该取什么，说到底是一种人生艺术。放弃就是为了更好地选择，只要找到适合自己的人生坐标，你就能完全发挥自己的聪明才智，改变自己的命运，取得成功。

# 放下就会幸福

快乐　幸福

压力　烦恼　抱怨

　　人生在世，有些事情是不必在乎的，有些东西是必须清空的。该放下时就放下，你才能够腾出手来，抓住真正属于你的快乐和幸福。一位作家说："我不会'抓紧'任何我拥有的东西。我学到的是，当我抓紧什么东西时，我便会失去它。如果我'抓紧'爱，我也许就完全没有爱；如果我'抓紧'金钱，它便毫无价值。体验快乐的方法，就是将这些东西统统'放下'。"

　　每天发生在我们周遭的很多悲剧，往往就是无法放下自己手中已经拥有的东西所酿成的：有些人不能放下金钱，有些人不能放下爱情，有些人不能放下名利，有些人则是不能放下执着。

　　现在的人都想生活质量更好一点，无时无刻不在面对着各种有形或无形的压力：上学压力、就业压力、工作压力、人际压力、家庭压力、住房压力、养老压力……其中任何一种压力都能让人累得半死。这些压力都是不可避免的，唯一的办法就是"放下"，至少没必要时时刻刻硬扛。

　　　　一个留学生一边上学一边在餐馆打工，每天晚上都要工作到很晚才能回家，回到家累得只想往床上一躺，什么都不想做。每当他一下子倒在床上时，都会情不自禁地长叹一口气，想起把自己带大的奶奶。那时候他和奶奶睡在一张床上，每天晚上都听到她老人家长长地"唉"一声。那时他不能理解，也很不喜欢奶奶的这声"唉"，听着好泄气，好像在抱怨什么。

　　　　现在他终于理解了这一声"唉"，这不是泄气，也不是抱怨，而是让自己从白天繁忙的工作中解脱出来，是让自己将身上所有的压力放下来。他觉得这一声"唉"真的很管用，每当他"唉"完这一声，总觉得心里就舒服了，然后就可以睡上一个好觉，为天亮后的继续打拼养足精神。

　　人生有烦恼、有压力很正常，这并不可怕，重要的是要学会"放下"。"唉"一声实际上就是一种释放压力的方法，它有利于肌肉群的放松，有助于人镇静下来。人为什么会在心情不好的时候唉声叹气？道理就在于此。

　　除了叹气之外，读书、运动、睡觉、郊游、聊天、下棋、按摩等，都是一些简单易行的压力释放办法。但最关键的是得有一颗不生气的心，正确地评价自己，准确地给自己定位，不过于追求完美，不要与自己过不去，凡事量力而行，随时调整奋斗目标，既积极进取又知足常乐。

据世界卫生组织统计，压力已经成为人类健康的第一大杀手。竞争环境的恶劣、生活上烦心的琐事，都让现代人感到压力无处不在，从而情绪低落，身体情况也随之变得糟糕，这些又反过来影响正常的工作和生活，因而形成恶性循环。为此，"放下"已经是现代人迫在眉睫的事情。

在生活中，我们会遇到各种各样的烦恼、方方面面的压力。这时候，我们需要用像雪松那样的弹性，去主动弯下身来，释下重负，就又能够重新挺立了。这主动的弯曲，并不是低头或失败，而是一种"放下"的艺术。

一个叫吉姆的法国人40岁的时候继承了一笔财产，拥有了一家资产达30多亿美元的公司。然而，面对丰厚的钱财，他表现得非常淡然，大部分都捐给了慈善机构。人们对此大惑不解，他却说："对我来说，这笔钱没有什么实质意义，去掉它，就是去掉了我的负担。"还有一次，他的一个孩子因车祸不幸身亡，他却说："我有五个孩子，失去一个孩子令我很痛苦，但还有四个让我感到幸福。"这种放得下的心态让吉姆几乎没有什么烦恼。

人生幸福与否，完全取决于自己的心态；生活舒坦与否，就看你是否学会了放下。放下是生活的智慧，放下是心灵的学问。放下压力就轻松，放下烦恼就幸福，放下抱怨就舒坦，放下名利就潇洒，放下狭隘就自在……

# 放下才会远离烦恼

　　生活中，每个人都要面对成败得失、酸甜苦辣、喜怒哀乐、是非恩怨，如果总是把这些记在心头，怎么能轻松地赶路呢？紧抓着不放，等于背上了沉重的包袱，套上了无形的枷锁，会让人活得又苦又累，以致精神萎靡，心力交瘁。只有放平心态，放下该放下的，才能远离烦恼。

### 1. 放下是非恩怨，才能得到友爱

人生就像一场充满是非恩怨的情仇录，要想活得快乐，就要学会放下仇恨与是非，潇洒地转身，去拥抱友爱。

有个人与同事交恶，两人几乎到了水火不容的地步，以至于影响了生活和工作，最后他选择了离职。朋友问他："如果不是那个人，你会离职吗？"他说："当然不会，我很喜欢那份工作，但我恨他，有他在，我就不爽，所以只能离开。"朋友问："你为什么让他成为你生命的重心呢？"他顿时被问得哑口无言。

敌对关系有时比友爱关系更深沉，恨一个人比爱一个人要付出更多精力，耗费更多情感。倘若你一直和某个人抗争，你就会慢慢失去自我，因为你一直在关注他，于是他成了你生命的重心。这样的人生岂不是一场悲剧？

一位哲人说过，能成为朋友或同事是一种缘分，因为十几亿人，偏偏你们相遇。这种缘分应该被珍惜。对呀，何必为了一点私心而让"是非"满天飞，为了一点面子而闹得彼此仇视呢？何不友好地对待身边的每个人，快乐地工作，轻松地生活呢？

### 2. 放下富贵梦，不让自己有负累

欲望是朋友，也是魔鬼。适当的欲望，是人类的朋友；过度的欲望，是人类的敌人。人一旦欲念太多，欲望太强，就会被欲望所累，进而从天堂走向地狱，从天使变为魔鬼。

有个很出名的画家想画佛和魔鬼。他去了很多地方，见了很多人，却始终没有找到满意的模特。一个偶然的机会，他在寺庙发现了一个人，被对方身上的气质深深地吸引了。于是画家向那个人许诺："只要你当我的模特，让我画一幅画，我就给你重金作为报酬。"那人答应了。

不久之后，画家画出了他毕生最满意的画，那幅画中的"佛"惟妙惟肖，很快就在业界引起了轰动。画家给了那个人很多钱，兑现了诺言。过了一段时间，画家准备画魔鬼，于是他又去找模特。一天，他在一所监狱看到一个犯人，画家觉得他就是最佳模特。当面对那个犯人时，他怔住了，因为那个犯人就是之前他找的模特。

画家不敢相信自己的眼睛，他不明白那人为什么从佛的形象变成了魔鬼的形象。那人告诉他："因为你给我钱之后，我每天寻欢作乐，挥霍生命，后来钱花光了，我去偷去抢，最后成了阶下囚……"

你是活在天堂还是活在地狱，完全取决于你的心态。面对金钱和财富，如果你不懂得放下，就有可能迷失自我，成为金钱的奴隶；面对过分的物欲，如果你不懂得放下，你的心灵就会被羁绊，最后一切的一切都将是你的负累，直至把你压垮。

### 3. 放下破碎的梦，做自己的守护神

爱情是美好的东西，但不是每段爱情都有结果。有些人对爱情充满憧憬，面对突如其来的"分手"，他们无法接受现实，脆弱的心理防线彻底崩溃。有个女孩在男友提出分手后，感到世界塌下来了。她一直对爱情充满期待，以为可以和男友相爱到老，但是这个美梦因分手而破碎，她感到

绝望，认为自己失去了保护神，从此一蹶不振。

　　为什么不放下那个破碎的梦，做自己的守护神呢？为什么要让别人掌控自己的命运呢？生活中，这类故事不胜枚举，我们应以此为戒，用一颗从容的心对待感情，即使分手了，即使婚姻破裂了，也不要痛恨别人，作践自己，而要做自己的守护神。

# 为了熊掌而舍鱼

　　成功者能取得成功，说明他在某一方面有独到之处。但世上没有十全十美的人，因为人在发展某一方面的同时，也放弃了另一方面。

　　急流勇退就是一种放弃，但急流勇退并不是放弃主流生活，更不是强求不食人间烟火的脱俗，而是在呼唤一种率直的生活理念，一种近乎平淡却真挚的人生态度。进和退是面对同一件事情的两种不同的态度，世界上所有事情都是有进有退的。如果说"逆水行舟"是一种进的艺术，那么"急流勇退"就是一种退的艺术。高明的人都深谙急流勇退的道理，因其退得及时，故常能立于不败之地。急流勇退虽然是一种放弃，但同时也是一种智慧的表现，是一种清醒的选择，是一个明智之举。

生活在五彩缤纷、充满诱惑的世界上，每个人都会有理想和追求。否则，他便会胸无大志，自甘平庸，无所建树。然而，历史和现实告诫我们：必须学会放弃，放弃是为了更好地拥有。人生有时是很复杂的，而有时却又很简单，甚至简单到只有取得和放弃。取得需要勇气，但放弃更加需要勇气。若想驾驭好生命之舟，就要面临一个永恒的课题：学会放弃！

尽管有的人并不知道这个道理，但这并不妨碍这个道理存在的事实。无论是在生活还是工作方面，有所得亦有所失，有意识地放弃是争取更大的成功的前提条件。

当人执着于某一方面，如金钱、名誉、地位或某项工作时，往往就会只专注于此，而不考虑其他情况。有的人总是想着"鱼与熊掌兼得"，然而什么都想要的人常常顾此失彼，最后什么也得不到。急流勇退，并不是让你放弃自己既定的生活目标，放弃对事业的努力和追求，而是要你放弃那些力所不能及以及不现实的生活目标。其实，任何获得都需要付出代价，付出就是一种放弃。人在生活中需要不断地做出各种选择。现实社会中有很多诱惑，拒绝诱惑也是一种放弃。

面对鱼与熊掌不可兼得的矛盾，我们常常要面对是舍鱼取熊掌还是舍熊掌取鱼的困惑。其实，如果我们懂得放弃，就不会有这种困惑了。在当今这个令人眼花缭乱的精彩世界中，我们所面对的鱼与熊掌取舍之类的选择越来越多。因此，放弃便成了我们的必修课。梅花放弃温室，便得到了与寒风冷雪傲斗的娇姿；我们放弃缆车、人力轿，便得到了攀登高山险峰的无畏，同时欣赏到了云烟飞渡的迷人风光。

急流勇退不是怯懦无能的表现，不是遇难畏惧、临阵脱逃的借口。急流勇退是一种心灵高度的跨越，是睿智思索的绝佳抉择。学会急流勇退，不是看破红尘、毫无所求，而是淡泊名利、宁静致远；学会急流勇退，不是不食人间烟火、清高自负，而是为人有道、胸怀达观；学会急流勇退，不是摒弃人格、违背原则，而是坚持真理、灵活应变。学会急流勇退，而后获取，是人生的一种智慧、哲理及艺术。

生活是美好的，但不是一首浪漫的诗。漫长的人生，其实就是一个选择的过程。选择什么或放弃什么，都需要一种勇气。放弃不是失败，而是寻找成功的最佳时机。正确的选择，会成为成功之帆；错误的选择，则势必与成功南辕北辙。果断的选择，是明智的选择。学会放弃，心灵也会得到超脱。今天的放弃，是为了明天的得到，没有放弃，就没有你期待的收获。生活有美好，也有残酷，它时常逼迫我们改变自己的喜好，丢掉某种机会，甚至是丢掉难以割舍的东西。

# 要敢于放弃

世界上没有十全十美的事情，鱼与熊掌不可兼得，这就需要我们做出选择。选了这个，就得放弃那个，要想两手都抓，到头来有可能两手空空，什么也得不到。所以要明智地放弃，要敢于放弃，只有放弃，才有可能拥有其他。

有一句歌词是这样的："如果全世界我也可以放弃，至少还有你值得我去珍惜……也许全世界我也可以忘记，只是不愿意失去你的消息。"

也许人们不会忧虑所选择的是对是错，但是在做出选择的时候，舍不得可以说是每个人的通病。

有一头饿得发慌的驴子，在它前面两个不同的方向有两堆同样大小、同样种类的草料。驴子犯了愁，由于两堆草料与它的距离相等，而且数量和质量又是同样的，所以它竟然不知选哪边，不知应到哪堆草料去才是最短的距离，才最省力气。而后，它竟然在犹豫愁苦中活活饿死了。

面对眼前的食物却不知选哪个，驴子真是既愚蠢又悲哀，最终因不懂

得选择和放弃害了它自己。其实，选择任何一堆草料对驴子而言都是对的。当两个相似的东西出现，你却只可以选择其中一个的时候，毫不犹豫地选择一个就好了，不用想太多，因为"任何一堆草料都能解决驴子的饥饿问题"。

后来有人总结出规律，把类似驴子这种犹豫不定、迟疑不决的现象称为"布利丹效应"。古人讲："用兵之害，犹豫最大。"可见，"布利丹效应"是选择时最忌讳的事情。当驴子面对两堆一模一样的草料时，其结果只有两种：或者"非理性"地选择其中一堆草料，或者"理性"地等待下去，直至饿死。对于这两种做法，凡不是愚钝之人定会选择前者。

生活中，我们时时处处面临选择。是选择轰轰烈烈、死去活来的爱情，还是选择平平淡淡、真实的生活？是选择能让自己站上世界舞台的事业，还是选择每天都能够开开心心地跟所爱之人看电影、吃晚餐？是一直犹豫不做出选择，还是明智地放弃，相信你早有决断。我们要会选择，更要会放弃。

有时候，在选择时放弃是不可避免的，可是能够做到放弃的人并不多。更多人在面临选择时会犹豫不决，哪个都舍不得放弃。

人生在世，需要放弃的东西很多，因此必须勇敢地面对放弃。几十年的人生旅途，会有山山水水、风风雨雨，有所得也必然会有所失，不能够坦然面对放弃，就要深受不放弃所带来的痛苦。

# 让心情多晒晒阳光

大多数人的心情会受外在环境和因素的影响，就像大海里的波涛，起伏不定。人们之所以会抱怨，并不是因为生活缺少明媚的阳光，而是因为自身背对着太阳。他们看不见七彩的阳光，即使是春天绽放的鲜花，在他们眼中也黯淡无光，无限美好的蓝天、五彩纷呈的大地在他们眼里都形同灰色的布幔。在他们眼里，工作是劳而无功的不断重复，其人生也是如死灰一般沉寂的空白。

俄国作家果戈理的长篇小说《死魂灵》里的泼留希金，积累的财富多到腐烂发霉，可是贪婪、吝啬的性格使他宁愿吃苦，过着乞丐般的生活。在我们的现实生活里，性格的悲剧常常上演。

其实，我们每个人可以充分地享受生活，也可以无视生活的乐趣，这在很大程度上取决于我们的信念。任何人的生活都是具有两面性的，关键在于我们自己怎样去审视生活，因为人生的悲剧乃是性格的悲剧。

英国作家萨克雷有句名言："生活是一面镜子，你向它笑，它就向你笑；你朝它哭，它也朝你哭。"确实，不管你在生活中遇到何种艰难，都应以乐观的态度应对一切，而不是无止境地抱怨。

　　背对太阳的人，永远看不到太阳的光辉。因为他看到的总是阴影，所以心灵也变得阴暗。常将心情翻晒，不要让自己老是生活在见不到阳光的阴影中，要善于将心情袒露在阳光之下，积极主动地化解抱怨，莫让抱怨纠缠着你不放。

# 学会放下，享受生活的每一天

# 享受每一天

　　日出日落是大自然给我们的馈赠，好好地享受，日子便会更加美好。生活的乐趣就在于充实，想要的东西也许在有生之年都无法得到，但是我们可以营造自己想要的环境。你已经错过了多少回日出日落？虽然它们是那么平凡的景象，但你曾经注意过它们吗？

　　每天下班后你是不是很疲惫？清晨的闹铃是不是使你精神紧张？那些

做不完的家务是不是让你感到烦恼？你是否思考过，生活何以至此？你想要的到底是什么？为了将来，你愿意让自己长久地这么受累吗？如果你连反思都不曾有过，那么很遗憾，你已经被快节奏的日子同化了。请放松自己吧！你应该先保证把现在的日子过好，再去想未来的日子该怎么过。不然，不仅将来的美好日子得不到，现在的生活质量也会大打折扣。

作为渔民的女儿，琼斯很早就开始了工作，她时时刻刻都记得自己的梦想。她无数次宣称："等我到了 40 岁，一定要实现自己的梦想！"可是她在 39 岁时，却不幸得了肝癌。在医生也表示无能为力之后，她回到了自己小时候生活的渔村。"这里的生活是如此美好，原来幸福一直都在我身边啊！可是我却忽略了它，我以为这样能换来悠闲。我太笨了，真傻！"得了癌症的琼斯终于醒悟过来。

换一种方式，该玩的时候就玩，情况便会大不相同！你是不是也像她一样走入了误区呢？工作是生活的一部分，而不是生活的全部！如果它成为你生活的负担，让你不堪忍受，也许你就应该辞职了！

# 学会把握当下的快乐

　　不要不把眼前这一刻放在心上，这一刻不会重现，我们应该好好体会当下的快乐。

　　在现实生活中，我们总是充斥着各种各样的欲望。因为欲望太多，所以总有太多不满足，于是我们的周围多了各种各样的抱怨声。

其实，活得简单也很幸福。有时你会发现，我们辛辛苦苦追求那么久，不过是绕了一圈又回到原点。

在墨西哥海边的小渔村里，一个美国商人看到一个墨西哥渔夫的小船上有好几条大黄鳍鲔鱼。这个美国商人对抓到这些鱼的渔夫赞扬了一番，并问他要多长时间才能抓这么多。渔夫说："很快就能抓到。"美国商人再问："那你为什么不再多抓一会儿？这样你就能抓到更多鱼。"

渔夫坦然地说："这些鱼已经足够我们一家人吃了！"

美国商人又问："那么你其余时间都在干什么，会很无聊吧？"

渔夫惊讶地说："不会啊，我每天都会睡到自然醒，然后出去抓几条鱼，回来就跟孩子们玩耍，中午就睡个午觉，到了晚上到村子里喝点儿小酒，跟朋友们玩玩吉他、唱唱歌、跳跳舞，怎么会无聊呢？我的日子过得充实又忙碌！"

美国商人为这个渔夫出了个主意："我是哈佛大学企业管理硕士，我想我可以帮你的忙。你每天应该多花一些时间去抓鱼，这样你的收入会更多，到时候你就会有足够的钱去买一条大一点儿的船，这样你就可以抓更多鱼，然后再买更多渔船，到最后你肯定能拥有一个渔船队。到那时候你就不必把鱼卖给鱼贩子了，而是直接送到加工厂，这样你就能挣更多的钱去开一家罐头工厂。并且你还可以到洛杉矶，甚至到世界各地去发展。"

渔夫笑了笑问："这要花多少时间呢？"

美国商人回答："十五到二十年。"

"然后呢？"渔夫接着问。

美国商人大笑着说："然后你就可以在家享福啦！只要你愿意，你就可以将公司上市，把你公司的股份卖给投资大众。那时你就发大财了，你可以几亿几亿地赚！"

"然后呢？"渔夫继续追问。

美国商人说："到那个时候你就可以退休啦！你可以到海边的小渔村去住，每天睡到自然醒，出海随便抓几条鱼，跟孩子们玩一玩，再睡个午觉，黄昏时，晃到村子里喝点小酒，跟朋友们玩玩吉他！"

墨西哥渔夫疑惑地说："我现在不就是这样子吗？"

每个人心中似乎都有一个遥远的梦想，我们习惯将梦想置于遥远的未来，对将来总是比对现在感兴趣得多。

"等我退休，就可以去周游世界……"

"等我有一笔钱，就不用工作了，想去哪儿玩就去哪儿玩，不用这么辛苦。"

"这里的生活环境太差了，交通拥挤、人心险恶、环境糟糕。将来我老了，一定要找个好地方养老……"

这就像小时候考试一样，每次考不好，都会发誓下次好好努力，之后却仍不会努力。

未来来了，未来的梦想还在未来，明天变成今天，今天的希望还在明天，真正实现梦想的人很少。

有些梦想，不过是人们对现实的嗟叹，不过是抱怨的借口，而不是激励人们的动力。我们总是在不断地找寻借口，却不肯现在就努力踏出第一步。其实，让自己满意现在的生活并不难，只要不让烦恼像细菌一样在不满中滋生就好。

美国女作家苏珊·俄兹曾说过："许多渴望永恒的人，却不知道在星期天下雨的午后如何自处。"

# 知足才会拥有幸福

有这样一个涉及乡下老鼠和城市老鼠的寓言故事：

一只城市老鼠和一只乡下老鼠是好朋友。一天，乡下老鼠写信给城市老鼠说："城市老鼠兄，有空请到我家来玩。在我们这里，可享受乡间的美景和新鲜的空气，过着悠闲的生活，不知你意下如何？"城市老鼠收到信后十分高兴，立刻动身前往乡下。

城市老鼠来到乡下后，乡下老鼠热情地拿出大麦和小麦，放在城市老鼠面前，城市老鼠却说："你怎么能够总过这种清贫的生活呢？住在这里，除了不缺食物，什么也没有，多么没有意趣！你还是到我家去玩吧，我会好好招待你的。"

于是，乡下老鼠就跟着城市老鼠到城里去了。看到城里老鼠住的房子十分豪华、干净，乡下老鼠羡慕极了。回想自己在乡下从早到晚都在农田里奔跑，以大麦和小麦为主食，冬天还要不停地在寒冷的雪地中搜集粮食，夏天更是累得满身大汗，和城市老鼠比起来，自己确实太不幸了。聊了一会儿，它们就爬到餐桌上开始享用美味的食物。

可是，就在这个时候，门"砰"的一声开了，有人走了进来。

它们吓了一跳，赶快躲进墙角的洞里。乡下老鼠吓得忘了饥饿，想了一会儿，就对城市老鼠说："还是乡下平静的生活比较适合我。这里虽然有豪华的房子和美味的食物，但每天都提心吊胆的，不如在乡下吃麦子活得快活。"说完，乡下老鼠就回乡下去了。

　　一个人要生活得幸福，具有一颗知足之心是十分重要的。知足，会让我们生活得更加充实，也会让我们心灵的湖水清澈而平静。

# 懂得放弃，才能生存

有这样一则寓言故事：

> 弟兄两人，老大贪财，当了财主；老二勤俭，过着贫穷的日子。
>
> 有一天，老二意外地遇到了一只神鸟，神鸟把他驮到太阳山，那里有无穷无尽的宝藏。老二只拿了一点就走，因为这一点就足够让他过上好日子。老大知道了这件事情，也去找神鸟，要求神鸟驮他去太阳山。神鸟答应了，就把他驮到了太阳山。老大看见漫山遍野的宝藏，就想全部拿回去，什么都舍不得丢下。在这之前，神鸟提醒他，如果不放弃这些财宝，他就会被太阳发现，会有生命危险。但是，贪心使老大放弃不了这些财宝，结果，太阳回来了，老大就被烧死在了太阳山上。

这则寓言故事本意是批判社会上那些贪得无厌的人，肯定勤劳知足的劳动者。而我们也可以从中感悟生存智慧，明白懂得放弃，才能生存。

在某些特定时刻，你只有敢于舍弃，才能保证自己生存下去，获取更长远的利益。即使遭受难以避免的挫折，你也要选择最佳的处理方法。

　　成功往往蕴含于取舍之间。不少人看起来很富有，但他们由于难以舍弃眼前的蝇头小利，就忽视了更长远的目标，于是给自己的生存带来了威胁，甚至失去了生存的机会。这就好像非洲的狒狒，手伸进洞里抓住了果实不肯放弃，结果僵在那里活生生地被人抓住。成功者往往只是抓住了一两次被其他人忽视的机遇，而机遇的获取，关键在于你是否能够在人生道路上进行勇敢的取舍。

　　在生活中遇到危险，我们首先应该考虑怎样生存，而对于其他的一切都应该懂得放弃。因为在这时往往只有放弃，才能保证我们的生存。

# 留住感恩，抛却怨恨

有一天，阿里和吉伯、马沙两位朋友一起去旅行。三人行经一处山谷时，马沙失足滑落，幸而吉伯拼命地拉住他，才将他救起。于是马沙就在附近的大石头上刻下："某年某月某日，吉伯救了马沙一命。"

三人继续走了几天，到达河边。吉伯和马沙为了一件小事吵了起来，吉伯一气之下打了马沙一耳光，马沙就跑到沙滩上写道："某年某月某日，吉伯打了马沙一耳光。"

之后，阿里好奇地问马沙："为什么要把吉伯救你的事刻在石头上，将吉伯打你的事写在沙滩上？"马沙回答："我永远感激吉伯救我，但他打我之事，随着沙滩上字迹的消失，我会将其忘得一干二净。"

生活中，慷慨的行为总是难以得到真诚的感恩。事实上，我们每个人每天都在依靠他人，只是很少有人会想到这一点。记住别人对我们的恩惠，忘却我们对他人的怨恨，在人生的旅程中才可活得自在。学着马沙的样子，将不值得铭记的事情统统交给沙滩吧。

古圣先贤曾经说过："愤怒的人，心中总是充满了怨恨。"

　　古希腊神话中有一位大英雄叫海格力斯。一天，他走在山路上，发现脚边有个袋子似的东西很碍脚，就用力去踩。谁知那东西不但没被踩破，反而膨胀起来，加倍地扩大着。海格力斯恼羞成怒，操起一根碗口粗的木棒砸向它，那东西竟然膨胀到把路堵死了。

　　正在这时，山中走出一位圣人，对海格力斯说："朋友，快别动它，忘了它，丢掉它！它叫仇恨袋，你不犯它，它便小如当初；你侵犯它，它就会膨胀起来，挡住你的去路，与你敌对到底！"

　　《菜根谭》有云："路径窄处，留一步与人行；滋味浓的，减三分让人嗜。"多一些宽厚，少一些指责，这样做我们才能相处得更和谐。宽容能够增加彼此之间的理解，化干戈为玉帛；宽容会使人产生安全感，心甘情愿解除心理武装，丢掉防备。

# 凡事不可太计较

　　每天工作八小时，你对于办公室的感受如何？有人将它形容为"人间地狱"，有人则视它为实现理想的地方，也有人把它当作一个社会的缩影。就人际关系来说，你如果要计较的话，每天都可以找到四五件让自己发怒的事情，如被人诬陷、同事犯错连累你、受人冷言讥讽等。有人不便马上发火，便暗自把这些事情记在心里，然后伺机报复。但这种仇恨心理，不但无法损害对方分毫，还会影响自己的情绪，从而自食其果。

办公室里的矛盾，有时真是"等闲平地起波澜"，叫人防不胜防。下面就是较典型的几种办公室矛盾。

如果你在公司里担任中层干部，你的上司是个很难对付的人物，事事独断专行，而你的下属又往往把你的话当作耳边风。每天，你都需要耗掉不少精力在这种人事关系上，但效果却往往适得其反，这令你产生极大的挫折感。你渴望息事宁人，大家合作愉快，消除人与人之间的误解与隔阂。问题是，你应该怎样消除彼此间的对立？

首先，你要搞清楚这些问题的答案：你究竟对什么事情感到不满？你能否准确地指出问题的根本所在？你是否真的有理由生气？假如你得出的结论是自己一时的偏见或自以为是的弱点在作祟，就应该马上阻止这种负面情绪发展。

无论何时何地，也不管你面前是什么样的人，都不要有"有理说不清"的消极思想，或乱讲一些晦气的话。你应该坚定地说出自己的看法。

在你肯定自己的意见是正确的以前，要留有一点余地。也就是说，当你将自己的抗议说出来后，切莫表现得咄咄逼人。你应该停止说话，让大家冷静一下，让真相自己显露出来。

不知为什么，同事总和你作对，甚至在背后中伤你，你应该以牙还牙吗？

以牙还牙只会令你沦为泼妇骂街一般的人物，妨碍你的事业发展。

你偶然发现，某位和你非常要好的同事，竟然在你背后四处散播谣言，说你的不是和缺点。这时你才猛然发觉，原来平日的友好完全是对方的表面文章！

晴天霹雳之余，你会痛心地想，跟他一刀两断吧！然而大家是同事关系，你若以敌视的态度对待他，一定会吃亏。首先，外人会以为你主动跟他反目成仇，问题必然在你。无形中对方又多了一个借口去伤害你，这太不理智了。更何况你俩还有合作机会，而且老板非常忌讳下属因私事交恶而影响工作。所以，你应该冷静地面对。你可以在心里将自己跟对方的距离拉远，因为你知道他是一个不值得信任的人，但表面上最好保持以往跟他的关系。

也许你发现自己被某些同事冷落，处于一种十分孤立的境地。他们凡事一起行动，对公司各项政策的反应完全相同，对某些部门采取同一态度，只剩下你不知所措。

所谓当局者迷，此时你可以尝试去找一个走中间路线的同事，旁敲侧击地请教他，究竟同事们对你有什么不满。然后，你再努力将他们对你不满的地方加以改变。这样不是没有性格，也不是妥协，而是有诚意。而诚意在与同事的相处中是十分重要的，大家相处融洽，一起做事才能事半功倍。当知道了症结所在，请冷静地检讨，认定自己可以做出哪些改变。然后做出让步，努力改变。

同时，工作上不应因循苟且，要坚守原则，公事公办。同时，切莫将此事告诉上司和老板，因为他们只会认为你太小家子气，这对你一点好处也没有。

也许你十分注重在办公室里的人际关系，自以为在同事中间甚受欢迎。可是有一天，一位同事来向你告密，指出有不少人其实是不喜欢你的，甚至仇视你。

此时，生气是无益的。请保持冷静，并告诉对方："多谢你的提醒，可我受不住刺激，就此打住吧，我不想知道得更多了。"在这种情况下，还不如少知道点。一来以免自己失去控制，二来以免你的情绪被他人控制。

思考告密者的心意，如果他是你的心腹，有可能是受别人利用；如果他与你的交情泛泛，有可能不怀好意。总之，别完全相信他说的话。你最好离开一下，让情绪平复下来，有过则改之，无过则勉之。虽然没有人能够讨好全世界的人，但是成功之人往往深谙处理人事之道。记着，对待这类问题，你要做到遇事不怒，不能情绪化。

不论他人怎样冒犯你或者你们之间产生什么矛盾，要"得饶人处且饶人"，多一事不如少一事。

你或许认为，这样活得未免太累，以为完成分内工作，尽量避免卷入同事之间的是非圈子便能明哲保身，终有一天会飞黄腾达。你错了！聪明人不会把自己孤立起来，因为他明白团队的重要性。身为公司的成员之一，你要想办法与每个人建立良好的关系，营造和谐的气氛，让自己融入其中。

想获得他人的尊敬与爱护，你要注意自己的表现，切勿表现得盛气凌人，做出令人憎恶的事情。这里有几个方法可供参考。

（1）你要学习与每一个人融洽相处，培养团队精神。面对同事的时候，不要忘记你的笑容与热忱的招呼，还要多与对方进行眼神接触，在适当的时机称赞他们。

（2）若必须对同事的表现予以批评，你的措词也要十分小心。要先把对方的优点说出来，令他对你产生好感后，他才能接受你的建议。

（3）情绪低落时，你要努力控制自己的脾气，切勿把心中的闷气发泄到同事的身上，这是自找麻烦的愚蠢行为。他人不会与情绪化的人相处，上司更不会对情绪化的人期望较高。所以，给自己建立一个随和而善解人意的形象，才有利于成功。

# 有所为，有所不为

　　孟子说："人有不为也，而后可以有为。"这句话是说，必须先有所不为，然后才能有所为。有所得就必须先有所失，什么都想获得，只会成为生活中的侏儒。要想使某项技能超水平发挥，就必须先放弃很多东西。盲人由于眼睛看不见，必须充分利用耳朵听声音，时间一长，听力就超常了。会计的心算能力最差，而摆地摊的人却是速算专家。因此，当你充分发挥某项功能时，其他功能就有可能退化。

"无为"不是"什么都不做"，而是要抓住"道"，抓住事物的本质。纯粹的"有为"（过度作为）只会伤神费力，纯粹的"无为"（不作为）则是平庸的表现。因此，生活中没有纯粹的"有为"，也没有纯粹的"无为"。在生活中要抓住最本质的东西，进而"牵一发而动全身"。

"有所为，有所不为"即进行正确的取舍、正确的选择，学会放弃。选择正确了，才能做对事情，才不会走弯路或误入歧途。放弃是另一种更宽广的拥有，是为了可以做出更好的选择。敢于放弃的人精明，乐于放弃的人聪明，善于放弃的人高明。

所谓舍与取，不为与有为，通俗地讲，就是不要分不清主次、轻重，胡子眉毛一把抓，而是要抓本质、抓关键。在总揽全局、权衡利弊的前提下，扬长避短，发挥优势，突出重点。

我们明白，人的时间和精力是有限的，而工作、事情却是无穷无尽的，并且千头万绪、纷纭杂沓。如果我们什么都去做，那是不可能的，也是特别有害的。那样的话整天都忙忙碌碌的，身心疲惫，该做的事做不好，同时也搞垮了身体。尤其不要去做自己没有能力完成的事情，以防徒劳无功，甚至贻害无穷。

不会"舍"的人就不擅长"取"，无所不为的人反而可能无所作为。生活有追求，就会有更多需要放弃的东西。对普通人来说，下决心放弃也是一种挑战。事业刚开始就要放弃，实在心有不甘。许多人为这种不愿割舍的情愫付出了沉重的代价。做人就要见机行事，当舍则舍，如果犹豫不定，迟迟不前，肯定会造成遗憾。

　　许多人在面临人生的选择时，总是惧怕失败，惧怕选择，宁愿在原地打转，糊里糊涂，走一步算一步，也不愿主动选择，积极地把握自己的人生。但是，人一生需要做出很多选择，无论是在爱情还是事业上。很多时候，你不提前做出选择，到了最后便会无可选择，陷入被动。不同的选择，命运迥异。错误的选择会让人走弯路，辛苦一生却一无所获，或误入歧途，酿成人生悲剧。量力而行，明智选择，才会让人一帆风顺，造就完美人生。

　　人的一生中需要放弃很多东西，放弃不能承受之重，放弃心灵桎梏，放弃摇摆。该放弃时就要放弃，要有主见地、毫不犹豫地放弃。放弃是一种超脱，是一种生存智慧，只有放弃才可以成就选择。不懂得放弃就会背负沉重的压力，长期为痛苦所困扰；懂得放弃可以让你避免很多挫折，让生活更顺利。纷繁复杂的社会现实要求我们保持清醒的头脑，从而更直观、更理性地认识自己，认识社会。在漫长的人生旅程中做出正确的选择，适时放弃，走好人生的每一步，掌控好自己的命运，便能早日获得成功。

# 放弃与坚守

　　你不爱过什么样的生活，就丢掉什么样的生活；你喜欢过什么样的生活，就坚持过什么样的生活。没有人清楚时间的长度，我们只管得了自己的事。

　　当规划自己短暂的人生时，我们要坚定自己的信念。因为在我们犹犹豫豫、摇摆不定的时候，生命也在悄然溜走。

拉马克于 1744 年 8 月 1 日生于法国皮卡第，他在所有兄弟姐妹中年龄最小，父母最宠爱他。

他幼时就读于教会学校，1761—1768 年在军队服役。在里维埃拉驻屯时，他对植物学产生了兴趣。有一天，24 岁的拉马克在植物园散步时遇上了法国著名哲学家、思想家、文学家卢梭。卢梭很喜爱拉马克，常带他到自己的研究室去。在那里，这位兴趣广泛的青年深深地被科学吸引了。

自此，拉马克放弃其他兴趣爱好，潜心研究，系统地钻研植物学。在任皇家植物园保护人期间，拉马克发表了《法国植物志》等著作。

而后，拉马克开始钻研动物学。此后，他又为动物学花费了数十年时间。

最终，拉马克成为一位有名的博物学家。

从古到今，所有有成就的人，都像拉马克一样，知道放弃和坚守什么。该放弃的事要坚决放弃，就算为之付出过许多也在所不惜。如果找到自己应该坚守的，就排除万难，专心致志，集中精力去坚守。

曾经有人问牛顿是怎样发现的"万有引力定律"，他答道："我一直都在想这件事。"

在回答"成功的第一要素是什么"时，爱迪生回答："能够锲而不舍地将你的身体与智慧的能量运用在同样的问题上而不会厌倦的能力……你整天都在忙碌，不是吗？每个人都是。假设你早上 7 点起床，晚上 11 点睡觉，你做事就花了整整 16 个小时。对大多数人来说，他们肯定是一直在做一些事，而唯一的问题是，他们做许许多多事，而我只做一件事。假设他们将这些时间运用在一个方向、一个目标上，他们就会成功。"放弃那些无关紧要的事情，集中精力做你想做的事，是成功的第一要素。如果事事都要顾及，精力均分，就不能把想做的事情做好，只能是庸庸碌碌，没有什么成就，什么方面都很平庸。

历史上有不少人才被埋没，除了社会原因以外，就是他们没有把时间集中用于自己想做的事情上并坚持到底。成功者总是坚守他们的目标，而且经常在向目标奋斗的过程中提醒自己目标所在。

因此，哲学家卡莱尔说："最弱的人，集中其精力于某一目标，也能有所作为；相反，最强的人，分心于太多事务，可能一无所成。"放弃无关紧要的事情，集中精力去做一件事，成功最终就是属于你的。

放弃必须放弃的和应该放弃的，才能更好地坚守自己应该坚守的。从这个层面上来说，放弃的是"芝麻"，得到的却是"西瓜"。

要想得到野花的芬芳，就必须放弃城市的便利；要想得到永久的掌声，就必须放弃眼前的虚荣；要想有骑马徐行的自得，就必须舍弃驰骋原野的不羁；要想拥有坚定的信心，就必须放弃犹豫不定；要想有所坚守，就必须有所放弃。

放弃是一门选择的艺术，是有所坚守的前提。没有勇敢的放弃，就没有灿烂的选择。与其殊死挣扎，拼得头破血流，倒不如潇洒地挥手，果敢地放弃。歌德说过："生命的全部奥秘就在于为了生存而放弃无谓的生存。"

放弃其实是一种智慧。只有懂得放弃，才会让自己更加从容、更加睿智。放弃不是优柔寡断，更不是偃旗息鼓，而是一种拾级而上的从容，一种悠然自得的恬淡。

两弊相衡取其轻，两利相权取其重。放弃难言的重荷，方能解脱心灵的羁绊；放弃满腹的牢骚，才能蕴蓄无穷的动力；放弃牵强的诡辩，才能拥有深邃的思想；放弃虚伪的装饰，方能赢得真挚的友情。

小舍小得，大舍大得，不舍不得。

人生是一趟艰难的航行，绝不会一帆风顺。当必须放弃时，就勇敢地放弃吧。放得下，才会走得远！有所放弃，才能有所得。什么也不敢放弃的人，反而会损失更多更珍贵的东西。

Part

**3**

放下愤怒，别让愤怒霸占了生活

# 愤怒一爆发，便会产生严重的后果

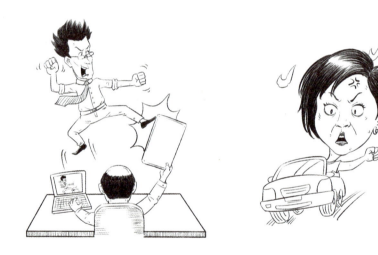

愤怒会燃烧一切，最终使人引火上身。人们可能会因愤怒而失去一单重要的生意，因愤怒而使家庭一片混乱，因愤怒而出现身体的不适……愤怒是魔鬼，毁掉了德维恩。

德维恩自从在工作中伤到了背部后便失去了工作，并一直承受着疼痛的折磨。他是个很爱生气的人，愤怒于伤痛，愤怒于工作的不公，愤怒于朋友的疏远，甚至愤怒于上天对自身的待遇。他觉得自己之所以遭受这样的不幸，就是因为上天对他不公。德维恩很长一段时间都待在家中。他从不回朋友的电话，整天为自己的不幸生活而郁郁寡欢。就这样，他把自己封闭了起来。一旦问题涉及曾经的生活，便会触发他心中的伤痛，从而导致他愤怒，他的眼泪就会突然涌出来，脸变得扭曲，并尖声叫喊。

有一天，他正在街上走着，一个"仇人"从他曾经的工作单位迎面走出，他一下子就用双手抓着自己的胸口并摔倒在地。随后，他被人送到医院诊治，如他所言，他因见到所谓的"仇人"而心中烦闷疼痛，突发了心脏病。之后，这种情绪仍伴随着德维恩，他41岁的时候第二次心脏病发作。在医院里，医师、专家、亲朋好友将他团团围住，给他下了"最后通牒"："别再这么生气了，你的心脏受不了太大的刺激，这样的做法只会让你更快地死去。"这时，德维恩脸上又出现了那种常见的表情，眼泪也流出来了，他回答道："让我不生气、不愤怒，还不如让我去死！"他的这句话预告了他的死亡。三个星期后，悲剧发生了，德维恩再也没有机会愤怒了，冲着电话的一阵大喊大叫再次引发了他的心脏病。当他的妻子发现他时，他已经停止了呼吸，死的时候他的手里还紧紧地抓着电话机。

每当人们的自由被阻碍、愿望落空、工作不顺、权力丧失的时候，人们就会产生或多或少的愤怒情绪。无论什么原因使人产生愤怒，都会影响人的身体健康。同时，愤怒对于身体的危害还在于会导致厌食。长此以往，消化系统的生理功能必将发生紊乱。

生气时，身体需要能量来调动各个部位，使其摆出进攻的姿势，表现出极其紧张的感觉，这便是心理和生理上功能的改变。愤怒时，你会感到异常激动，肾上腺素分泌增加，而当愤怒的感觉退去，你则会感到筋疲力尽。

愤怒会导致恶性循环，使你激动然后疲惫，若每天如此，可以想象，你的精力会被愤怒消耗多少！想想便让人觉得身心俱疲。有一项调查表明：不爱生气的人中有 67% 的人每天早晨醒来时感到精力充沛、头脑清醒，而爱生气的人中只有 33% 的人体验过这样的感觉；当被问及愤怒后是否有过疲乏不堪的感觉时，56% 的不爱生气的人回答说有，而 78% 的爱生气的人说有。

愤怒的危害同时体现在内在，比如影响腺体的分泌。如正在哺乳的母亲，发怒可使乳汁分泌减少或使其成分发生改变，这对婴儿是十分不利的。研究发现，随着愤怒的程度和时间的增加，唾液分泌可能会受较大的影响。例如，愤怒造成唾液分泌减少，从而导致口干舌燥。此时，人的唾液成分也会发生改变，哪怕是吃心仪的食品也会味如嚼蜡。

总之，愤怒会让我们引火上身，造成严重的后果。因此，我们一定要消灭愤怒之火，控制愤怒情绪！

# 愤怒是火种，有燎原之势

你有没有留意到，你将发怒时，愤怒的情绪总会不知不觉地控制你的身体。仔细观察就会发现，在愤怒的那一刻，你的拳头会不经意地紧握。实际上，只要我们留心自己情绪激动时的某些微妙变化，并由此改善，就可以避免愤怒。

90%的人并不会适当地控制即将出现的愤怒，由此产生大规模的争吵和误解。有人认为，我们应该任愤怒发展，这是一种极其危险的错误想法，只有控制自己的怒火才是最明智的做法。

请看一段来自吉姆和心理学专家的简短对话，看看愤怒的星星之火是如何形成燎原之势的。

专家："你的女友正在和你闹别扭？"

吉姆："其实也没什么。在没有告知我的情况下，她更改了我们制订好的出游计划，这完全是对我的不尊重。"

专家："如果把生气的程度分为十个等级，在听到她改变了你们原本的计划时，你的气愤程度在什么等级？"

吉姆："也许只有四级吧。"

专家："如果真像你说的那样，你的心里便充满了愤怒而不是简单的生气了。一般来说，四到六级称为愤怒，而一到三级才是不高兴。你和你的女友说过你内心的感觉吗？"

吉姆："没有，我将愤怒放在心底，我总是这样委屈自己。"

专家："然后呢？"

吉姆："然后我们一起出去吃饭，由于上菜的速度极慢，导致我内心的烦躁感再次增加。"

专家："有多大？"

吉姆："大概六七级吧。"

专家："但是二者所包含的意义并不相同。六级意味着你非常愤怒，七级表明你已经处于轻度的暴怒了。"

吉姆："那就应该是六级吧。"

专家："你离暴怒只有一步之遥了，你对此采取什么措施了吗？"

吉姆："没有，我试着让自己平静下来，然后平静地去看一场电影。不知为什么，我们在车里吵了起来。我忘记了自己有多生气，只是一拳将车的玻璃打碎了，把我女朋友吓坏了。"

专家："你那时的火气有多大？"

吉姆："肯定有十级。"

如果吉姆一开始就将自己内心的不满发泄出来，告诉女友不要不和他商量就改变计划，那么吉姆的愤怒就不会最终升为十级。遗憾的是，这些预示着愤怒的信号并没有引起他的注意，所以愤怒逐渐升级，从而导致了糟糕的结果。

不悦是最轻微的一种愤怒，它时常在暴怒和愤怒之间游离。一般情况下，你不必为管理这种形式的愤怒而操心。曾有权威机构通过调查研究发现：差不多有一半接受调查的人每星期都会有不悦的经历。不悦只是一种心理状态，比愤怒更加常见，且不如愤怒那么火爆，消散得很快。因而，人们从不悦的阴影中恢复的时间也很短。

总而言之，仅仅是不悦的感觉并不会造成什么伤害，但前提是不要任由这种感觉往下发展。你可以通过以下这些必要的手段来避免。

### 1. 正视自己的问题

事情没有想象的那么严重。比如在开车时，有一辆车突然插到了你的前面，这只会让你一时不爽，并不是末日来临。

### 2. 不要把问题个人化

司机给你带来的厌烦感并不是他本人故意为之。也许他也有不顺心的事，因此想发泄出来，但所有的一切并没有直接针对你。

### 3. 站在他人的角度去思考问题，而不是一味地指责别人

一旦你开始指责另外一个人，就很容易使你的不快升级。因此，往事不要再提了，都已经是过去式了。

### 4. 复仇之意不可有

把不悦归罪于某人后，下一步往往就是报复。与其这样，不如想想令自己开心的事，心情愉悦才是最重要的事情。

### 5. 不要让负面情绪增加你愤怒的感觉

告诉自己：这种令人不快的情况不会使我的坏心情雪上加霜。然后，想象一下努力让自己心平气和地处理事情后，结局是多么皆大欢喜。照着

所想的去做，相信怒火很快就会熄灭。

总之，着急上火只会害了自己。我们要多想想该怎样做才能不让这种不悦升级为愤怒。尝试着去倾听、去感受，做自己喜欢的事情，看轻松自在的节目，放松心情，让自己更开心。当然，前提是要善于捕捉自身愤怒的潜在信号，这样一来，我们更容易控制自己的情绪。

# 在气头上时不要说话或做事

愤怒不是心情，只是一种临时的情绪，按照强度的不同可分为轻微的愤怒、强烈的愤怒及暴怒。当下的生活难免遇到麻烦，愤怒的产生也在所难免。

愤怒是一种有害的情绪状态，常常会给人带来意想不到的麻烦，影响师生、同事、亲朋好友之间的关系，长时间处于愤怒的状态对于自身亦是一种创伤。

舒缓愤怒情绪是高情商的一大表现。身体的保养在于少生气，要保持身心健康，就要和气生财、谨慎处世，保持良好的心理状态。这样不仅有益于身心健康，也有利于提高自己的道德修养和思想水平，于人于己都有益。

有一个农夫和邻居吵得很凶，但事情的起因却只是一件很小的事情。最后，农夫气呼呼地去找智者，只想求一个是非对错，因为当地人都认为智者公正无私。

"智者，您来看一下吧，我的邻居简直是无理取闹。他竟然……"农夫怒气冲冲，一见到智者就开始他的抱怨和指责。就在农夫准备对智者数落邻居的过错时，被智者打断了。

智者说："不好意思，我现在正在忙，你先回去吧，明天再来和我说。"

第二天一大早，农夫又愤愤不平地来了，只是脾气小了很多。

"今天您一定要帮我评个是非对错，那个人简直是……"农夫正要开口继续昨天未说完的话语，智者不紧不慢地说："你的怒火正在心头，还是等到你平静下来再和我细细谈吧。而且，我昨天的事情还没有办完。"

以后的日子里，农夫再也没有在智者的面前出现过。有一天，智者散步时遇到了农夫，他正在地里忙碌着，心情显然平静了许多。

"现在，你还需要我评理吗？"智者含着微笑慈祥地问农夫。

农夫羞愧地笑了笑，说："早就不生气了，鸡毛蒜皮的事情不值得您劳心费神，耽误您的正常生活。"

智者心平气和地说："只有这样才是好的结局，我之所以当时

没有立刻给你答复，就是因为你处于愤怒之中。时间是一剂良药，

你要理性做事，多用脑子。"

　　我们改变不了一成不变的性格，但是可以掌控自身的言行举止。只要做到任何时候都不在气头上说话或做事，一段时间后，我们自会以平静的心态处世。

# 愤怒来袭时不要急于回应

新一届竞选开始了，一名候选人苦思冥想，想弄清如何才能在竞选中胜出。

其中一个"智囊"说："我们可以帮你，但是你必须按规矩做事。我给你定一个准则，如果你违反准则，就要罚款10元。"

候选人说："好，你说吧。"

"那么，就从当下开始吧。"

"行，就从现在开始。"

"我定的第一条准则是：你要学会忍耐，无论别人对你有什么不好的评价，怎么贬低你、骂你、指责你、批评你，你都不许发怒。"

"这个很简单，忠言逆耳利于行，所有不顺耳的言语都有利于我的成长。"候选人轻松地答应了。

"你能这么认为最好。我只是想让你懂得并记住这句话，因为在所有的建议中，这是最简单的方法。不过，像你这种愚蠢的人，不知道什么时候才能记住。"

"大胆！你怎么敢这样评价我！"候选人气急败坏地说。

"你输了，10块钱。"

尽管有些不情愿，但是候选人知道是自己的错误。于是，他无奈地把钱递给这个人，说："这次是我不对，请你继续发表你的意见。"

"这条规则最重要，其余的规则都差不多。"

"你是个彻彻底底的混蛋！"

"不好意思，你又输了，10块钱。"这个人摊开手道。

"你的钱来得如此容易。"

"就是啊，你赶快将钱拿出来，你曾经许诺的事情如若没有做到，我会让你为此付出代价。"

"你比狐狸还要狡猾。"

"不好意思，你再次输掉了10块钱。"

"呀，又是一次。好了，我保证以后不再犯了。"

"就这样吧，我并不是真的想要你的钱。你出身贫寒，父亲也曾因不还人家钱而声誉不佳。"

"你可以侮辱我，但是不能侮辱我的家人，你个混蛋！"

"看到了吧，又是 10 块钱，这下你无药可救了。"

当候选人一脸哭丧的时候，"智囊"说出了自己的想法："现在你总该知道了吧，一定要克制自己的愤怒。情绪的控制并不是简单的事情。在竞选时，你发一次脾气就不是 10 块钱这么简单了，你失去的是群众的信任，这是不可以用金钱估量的。"

时光如同一条奔流的长河，人在其中就如同一叶轻舟，难免会磕磕碰碰，而愤怒就像是河底的暗礁，让人无处可逃。控制愤怒的方法是保持平和的心态，让自己冷静下来。

从根本上说，保持冷静就是在愤怒控制住你之前，你先努力控制住愤怒。换句话说，就是要控制自己的感情，不要依着性子做事。

大卫脾气很大，尽管他只是一名普通的职员。他的老板明确地告诉他，如果他再发脾气，就将被解雇。与此同时，老板建议他接受一下心理辅导。大卫很担心被解雇，因而找了一位愤怒管理方面的专家帮助自己。尽管大卫的内心并不相信所谓的愤怒管理，但为了工作，他还是决定试试看。专家推荐的策略是面对愤怒做冷处理，不要立即回应。

一周过去了，大卫再次就诊，一见到专家就兴奋地说："你帮我留住了工作！早上老板向我发火的时候，我头脑一热想立刻反攻。但我想起你说过该怎样应对愤怒——我的愤怒和他的愤怒，我便没有按照之前的脾气对待这件事情，而是换了一种方式，没有当场直接回应。等老板冷静下来时，不仅向我承认了错误，还声明会一直重用我。"

　　易怒是一种不良习惯，这种习惯可能是过去的一种经常性的刺激导致的条件反射，也可能是你生来就有的冲动个性的体现。但不管怎样，要控制自己的情绪，改掉所有的不良习惯。

　　现代社会，因不理智和愤怒而失足的大有人在，而那些会冷静处理愤怒的人往往更容易到达成功的彼岸。所以，时刻保持冷静是十分重要的，这将使我们一生受益。

# 仔细想想"愤怒"这件事

　　愤怒源于自我的矛盾，大多数情况下，愤怒是后天习得的。孩童时期的我们经常通过愤怒来得到心仪的礼物。儿童的哭泣如果没有引起他人的注意，哭声就会更大。如果继续没有回应，儿童就会更加愤怒，甚至由内心的愤怒转为自残和自虐。这一招通常很有效，大多数父母最终都会妥协，乖乖地答应孩子的要求。儿时的性格如若定格，孩子就会形成一种难以改变的习惯。等到长大后，他们就会为了自身心情的愉悦而不顾他人的感受。愤怒，再愤恨，只是因为他们已经习惯了用这种方式来表达自己的不满，为了达到目的而不择手段。

人们的大多数行为都会被自身的情绪所控制，而行为的结果又会使人的情绪加强或减弱。一旦我们情绪失控，举止便会失常，并持续很久。

愤怒的外在表现有所不同，因人而异，但愤怒的心理状态却很相似。

### 1. "不公平"

发怒时，人们总觉得自己生不逢时，世事不公。其实，所谓的"不公平"只是愤怒者一厢情愿的想法，自私的人总是以为世界属于自己。

### 2. "我是受害者"

愤怒使得愤怒者总是记起自己曾受过的伤害，即使是因其他与此毫不相关的事情而受过的伤害。那些伤害就像画面回放一样，清晰地浮现在愤怒者的脑海中。

### 3. "你应该说对不起"

愤怒者总是将所有责任都推卸给别人，并因为他人的不尊重而激起更深的仇恨，认为所有人都该向其道歉。

### 4. "我不应该忍受这个"

不管是"这个"还是"那个"，哪怕是鸡毛蒜皮的事情，愤怒者也会将事情闹得很大。

耶鲁大学的西格尔·C. 巴塞德教授的一项研究表明，1/4 的人每天都会产生愤怒情绪，这些愤怒多数发生在工作和通勤的时间。在这 1/4 的人里，有的人很容易被激怒，一触即发；而很多人永远不会说出内心的愤怒，只会将其放在心底。有的人在这里受了气，却到别处发泄；有的人喜欢转嫁责任，永远不会正视自己的问题。

如果我们在工作中失去冷静，被怒火控制，我们就会失去应有的素质和宽容的心态。在愤怒中，我们将变得更野蛮。怒火会毁灭一切，即使是朋友也逃不脱。愤怒会影响人的爱情、友情、信心等，使自己缺乏对他人的尊重，最终使我们也得不到别人的尊重。恐怕我们每个人都不愿意见到这样的结局。

一位哲人说："作为人，真正需要正视的敌人便是愤怒。"的确，若处理不好愤怒的情绪，会产生许多负面影响，我们可能会因为自己一时的愤怒而付出惨重的代价：压力增加、心情恶劣、信用丧失、工作不顺、职位不保、得罪别人、人际关系恶化等。除此之外，愤怒还会给我们的身体造成不必要的麻烦，如失眠、胃痛等。

# 做人要心平气和

工作和生活中的激烈竞争难免会让人心生厌烦，脾气也往往随之变坏。如果你不对坏脾气加以克制，就会逐步变成愤怒的暴脾气。

有个人准备竞选美国西部某州的议会议员，因其才高八斗、学富五车，而且曾做过某大学校长，所以非常有希望入选。可是，在竞选过程中有人散布着这样一个谣言：几年前，这个人在任大学校长期间生活不是很检点，和学校的老师搞暧昧。

这位候选人对此谣言感到非常愤怒，并竭尽全力为自己辩护。在之后每一次出镜的场合，他都会澄清这件事，同时谴责谣言的散布者。

实际上，多数选民对此事一无所知，这样的澄清只会被看作虚假的掩饰，让大家越来越相信这件事是真的。他们说："你的百般辩解怎么会说明你的无辜？"面对此种情况，这位候选人更加气急败坏。

糟糕的是，他的夫人也因此对他产生了怀疑，夫妻间的亲密关系被破坏殆尽。

最终，他落选了，从此郁郁寡欢。

由此可见，愤怒带给人的往往不是快乐，而是郁闷和意想不到的麻烦。所以，对于我们来说，控制愤怒是一件十分重要的事情。

每个人都不会无缘无故地愤怒，大多数愤怒都是因为相互的挑衅，从而形成感情的恶性循环。打破这个恶性循环的关键在于谁先停下来以及让谁说最后一句话。

请看一对父子之间的谈话。首先看第一种对话。

父亲：吃饭前要把房间收拾好。

儿子：没有时间，我很忙。

父亲：（不悦）再说一遍，把你的房间收拾干净。

儿子：（生气）不用你来管我。

父亲：（生气）你少跟我这么说话。现在！立刻！马上！收拾你的房间！

儿子：（盛怒之下将书本扔出去）我说了，你别待在我的房间！

父亲：（非常生气）好大的胆子，现在就将房间收拾好！不然你等着瞧。

下面是第二种对话。

父亲：先把房间收拾好再吃饭吧。

儿子：（不悦）我现在正在忙。

父亲：（不悦）我知道啊，但是你还是要先收拾房间。

儿子：（生气）我不用你管。

父亲：（不悦，但没有发火）也好，但是你要记得收拾房间，在你空闲的时候。

儿子：（生气）到时候我会自己处理的。

每个人在争吵的过程中都愿意占到上风，将自己的话作为结尾，却看不到事情正逐渐变得不可收拾。要想控制愤怒，就要先控制生气的过程，而不是想着怎样处理愤怒失控后造成的严重后果。如果你能做到让对方说最后一句话，便可以将事情变得很平稳而不至于发生争吵。所以，当你生气时，可以将最后一句话交给对方，这样便不会造成一发不可收拾的局面。

大多数人的愤怒都是在受到刺激的时候突然迸发出来的。这种反应是一种本能，而且其表现方式往往都是一样的——面露不悦，大声叫骂、讽刺和使用暴力，或者跺着脚生气地走开。如果你有这些表现，从这时起你便不再淡定了。

其实，愤怒的人不一定拥有强大的力量。相反，愤怒只能表现出那个人的自制力很差。怒火并不是调节人际关系的钥匙，只会在发生矛盾的双方之间造成伤害。因此，在你想发脾气的时候，应保持冷静。

Part
4

放下抱怨，
争取幸福的未来

抱怨

# 抱怨是有传染性的

众所周知，在公司里有一种情况很常见：刚开始可能只是某个人抱怨某个问题，但是如果不及时处理这个问题，那么抱怨的群体很快会扩大。一堆人在某个角落里你一句我一句的，不知道的还以为他们在发表什么重要演讲，实际上却是在一起抱怨。

张红是某公司的基层员工，抱怨自己上个月多干活却没有涨工钱。一日，她觉得实在咽不下这口气，午饭后便向平日与自己关系不错的吴芳抱怨这事。吴芳一听也觉得很气愤，两人你一言我一语。不一会儿，同事都围了过来，大家一听这事儿都觉得不公平，于是互诉苦衷，怨声连连。

也许你对此会感到很奇怪，为什么一个人抱怨最后演变成一群人抱怨呢？

实际上，人类天生就具有情绪模仿能力，或者说人类的情绪具有感染性。好情绪会感染他人，而坏情绪也会像瘟疫一样传染给他人，这很像多米诺骨牌。在一个群体中，如果有人整天怨天尤人、牢骚满腹，其周围的人的好情绪便会逐渐被淹没，直到他们一起加入抱怨的队伍。

抱怨需要找人倾诉，当然这个听众在抱怨者看来必须与自己有共同的利益，并且抱怨者要争取听众的认同。因此，在事件的叙述上，抱怨者会夸张陈述，并且会尽力与听众的利益联系起来，以获得认同。在这种方式下，自然会有越来越多的员工偏听偏信，成为抱怨一族。

这就是抱怨的传染性。

　　小王因工作失误而心情不佳，回到家就拿儿子出气。儿子没好气，踢了一脚自家的猫泄愤，猫就跑到街上。一辆汽车迎面而来，司机为了躲开猫，结果把旁边的一个小孩给撞伤了。

心理专家称上面这类事件为"踢猫效应"，即坏情绪是会相互传染的。同理，抱怨的传染也是这样。

无论是生活中还是工作中，总会有一些不公平的事情，其实你仔细想想，那都是一些鸡毛蒜皮的小事，实际上都是抱怨惹的祸。往往事情发生的根源不在于谁起了头，而是在于你对待这件事的态度，什么样的态度决定了你的生活处境。每个人只要认识到这点，就不会把抱怨传染给别人。

# 抱怨性的话语往往与坏事相依

　　说出抱怨性的话语属于消极情绪的表现，这样会产生不好的影响。同时，你抱怨得越多，坏事也会越"眷顾"你。

　　当你不断发牢骚的时候，难道就会有什么积极的改变吗？抱怨老板时，老板会觉得像你这样的员工很难缠，你在老板心里的印象就会变差，在以后的工作中，你会失去更多。一个人总是想方设法给别人留下良好的印象，可你为什么要用毫无意义的抱怨来自毁形象呢？抱怨只会让事情越来越糟糕。

公司要裁员，王晓和小静都在裁员之列，按照公司的规定，被解雇的人第二个月必须离开公司。

王晓回到家后痛哭了一场，抱怨公司不近人情。第二天到了公司，她逢人就抱怨："我平时在公司干得这么卖力，我有哪点不好呢？这么多人，凭什么解雇我啊？老板真是不公平。"而且越到最后，她的话说得越难听，甚至有些话的意思是，她被裁是因为有人在背后打她的小报告。而且她还把宣泄不完的愤怒情绪都发泄在工作上，整天工作懒散懈怠，能拖延的就拖延。

小静和王晓的遭遇是相同的，但态度却完全不一样。虽然小静也很难过，但这毕竟是自己工作了多年的公司，而且待遇各方面都很好。所以她没有向任何人抱怨，觉得公司这样做是有苦衷的。于是她暗下决心，即便要离开也要把工作做好，以后再寻找更好的机会，说不定这还是一次机遇呢。她在工作之余也会向同事们表示遗憾，表示自己非常舍不得大家，并且及时地交接工作，以免给同事的工作带来麻烦。

很快，一个月的时间过去了。最后只有王晓被裁了，人事主管的解释是："经公司多方考虑，只裁一个人，小静在工作上认真负责，且毫无差错，所以留下了她。"

不仅工作中如此，生活中也是如此。面临困境的时候，看淡一点，静静地思考一下面临困境的原因在哪里，有没有弥补的措施。这才是最积极有效的方法，才有可能改变事态的发展。

因此，抱怨在生活中是毫无意义的。清空自己的不满，多说一些积极的话语吧！这样，你的生活或工作也会越来越好。

# 抱怨会让你每况愈下

抱怨是错误的处事方式，它对你境况的改变丝毫不起作用，也不会为你提供解决问题的方法。经常抱怨的人，不仅烦恼会越来越多，而且解决问题的精力还会分散，幸福感越来越差。

改变境况的方式有很多种，但抱怨不在其中，因为事情的现实状态已经存在了。抱怨只是对客观事实的评述、批评、指责，此时你的任何言语都不会产生作用。与此同时，抱怨是你解决问题的绊脚石，因为你的精力都消耗在抱怨上了。抱怨会影响你解决问题的思路，在抱怨声中，你不仅无法处理问题，有时还会闹出笑话。

在高温难耐的一天，农夫驾着一只小船，给邻村送产品。为了早些摆脱糟糕的天气，他匆忙地驾驶小船，渴望尽快完成任务。结果事与愿违，就在农夫沿河而上的时候，迎面驶来一只小船，眼看就要与农夫的小船相撞了，农夫急得大喊："让开，快点让开！你这个白痴，再不让开你就要撞上我了！"结果农夫的船被撞上了，恼羞成怒的农夫破口大骂："你会不会驾船，这么宽的河面，你竟然撞到了我的船！"当农夫仔细观察那只船时，却发现那是一只无人驾驶的空船。

　　无休止的抱怨会使事态恶化。赠人玫瑰，手留余香，而经常抱怨的人，留下的一定是抱怨的味道。抱怨时时缠绕身旁，事情还会往好的方向发展吗？当然不会。经常抱怨既无法改变事实，又徒添烦恼，还有损你的个人形象。一个爱抱怨的人是不会有什么大作为的，抱怨只会使你渐近悬崖，事情也会越变越糟。

　　驴子需要给农夫做大量的工作，由于草料少，它经常吃不饱。于是它委屈地跑去请求宙斯，让它离开农夫，换到好一点的主人那里去。宙斯答应后，给它找到了新的主人——陶工，而陶工让它搬运沉重的黏土和陶器，比跟着农夫更辛苦。驴子又一次请求宙斯给它换一个主人。宙斯很爽快地答应了，又把它卖给了一个皮匠。驴子非常绝望，后悔换主人，痛苦地说："我真不幸，如果能回到以前的主人那里该多好啊！现在连皮都不是自己的了。"

　　每个人都会遇到烦心事，而总有一些人会将事情进行得极其顺利。这时处于困境的人自然会牢骚满腹，渴望摆脱困境，但是事实又总是不尽如人意。于是他们选择抱怨，在重复抱怨中寻找出路，似乎抱怨可以解决一切问题。抱怨是人们最常用的武器，生活不顺、遇到挫折时人们都会抱怨。经常抱怨会使你成为不受欢迎的人，因为抱怨的过程就是心理暗示的过程，你抱怨得越多，就暗示你越失败。长此以往，就会形成心理的恶性循环，削减你的处事能力，成为你前进途中的绊脚石。如果你一直抱怨，就是在暗示自己事情很难，自己很倒霉，自己渴望的事情永远都不会发生。在这种心态下，你当然不会有勇气和信心。

所以，遇事一定要冷静，切忌抱怨，要周全地考虑事情的状态，分析自身的处境。同时，考虑如果存在差距，这种差距有多大，又该如何弥补。如果问题很难解决，此时你应该如何解决？是抱怨，还是求助他人，或是自我探索解决之道？你如果不想让自己的状况越来越糟，就需要果断地停止抱怨。

# 抱怨得靠自己医

生活中常有人抱怨，比如"我烦死了""气死我了""这个人真讨厌"等；也有一些人经常沉默不语，且面无表情，郁郁寡欢。不用问，就能猜出他们的遭遇。有些事情时时困扰他们，甚至会让他们夜不能寐。

一位作家在成名前十分窘迫，寄居在一个大杂院里，心中憋着许多委屈和愤恨。

每到傍晚，他总是会听到从隔壁澡堂传来的洗澡声及小孩子的喧闹声，这些声音更增添了他的焦躁，因此他总是抱怨邻居太吵，以致自己无法写作。因为囊中羞涩，他常忍饥挨饿。有时候，不知从什么地方飘来的一阵饭香也会刺激他那饿得发慌的肠胃，令他感到不安。

有一天，在烦闷之余，他透过窗子忽然看到许多盆花出现在隔壁简陋的小花台上，整齐划一的小花盆中种有玫瑰、杜鹃等。

这时，他又看到花台旁站着一位衣着整齐的老人，正在那里浇花。此后，他每天傍晚都会看到这位老人在快乐地浇花。有一天，这位作家正望着那些花草发呆，那位老人忽然停下来对他说："从这个地方远眺很惬意吧！"说完，老人亲切地招呼着邻家出来的一大堆孩子。

这位作家豁然开朗，孩子们的嬉笑声再也不会令他厌烦，邻居打麻将的声音、吵闹的音乐也不再让他愤怒，甚至连隔壁恼人的油烟味也会令他想起"母亲的味道"。

在漫长的人生旅途中，总有各种各样的痛苦让人产生抱怨之心，同时我们又要承担诸多义务和责任。因此，无尽的烦恼与忧愁总陪伴着我们。然而，抱怨是一种疾病，是一种不良习惯，我们要想化解它，必须要学会自我调节，维持心理平衡。

# 抱怨会招来嫌弃

人们遭遇挫折与不公待遇时，难免会抱怨，以致招来他人的关注。不过，当一个人始终把抱怨和指责的矛头对准别人时，他人便会感到厌烦。

雯雯是个爱抱怨的女孩，一点小事就可以让她抱怨不停。不仅如此，她还想通过抱怨招来同情自己的"战友"。

上学的时候，雯雯总是埋怨老师能力不行，无法提高她的成绩，还说老师太偏心，看重好学生，对自己却总是很冷淡，埋怨那些成绩好的同学自以为是、爱摆谱。

终于熬到大学毕业，雯雯找到了一份比较好的工作，可她仍旧爱抱怨。不知不觉两年多过去了，眼看着许多后辈都超过了自己，她却原地踏步，于是心生怨意："我到公司这么多年了，虽不是劳苦功高，却也有贡献，公司为什么不提拔我？一定是有人暗中陷害我！"

她总爱讽刺受到老板重用的同事："某某到公司不到三年，可是好事样样有他。唉，我就是在阿谀奉承上比不过他！""真不知道老板是怎么想的，像我这种人才，屈居在此亦不受重用，老板真是太不公平了！"

　　在生活中，雯雯也常常进行无休止的抱怨，埋怨这个、批评那个，看谁都不顺眼，好像全天下的人都亏欠她。不仅如此，她还整天喋喋不休地拿别人撒气，拖别人下水。因为雯雯爱发牢骚，伙伴们都渐渐疏远了她。

　　需要经常发泄的人，可在卧室中挂一个沙袋，让它去承受自己心中所有的不平与愤怒，然后平复心情。但绝不可以牢骚满腹，抱怨不停，这样不仅于事无补，最后还将使自己受害无穷。

# 从小事开始远离抱怨

生活中，许多人明知抱怨无益于身心健康，可又不容易将抱怨的源头从心中拔除。

古时有一位妇人，很小的事也能让她抱怨，她明知这样不好却又改不过来。某一天，她听说一位高僧很有智慧，便决定求教于他，希望高僧为自己谈禅说道，使自己的心胸开阔起来。

高僧听了她的讲述后，将她领到一间禅房，锁上门便拂袖而去。

妇人见高僧把自己锁在房中开口便骂，并抱怨自己因愚蠢才到此处受气。她抱怨了许久，不见高僧理会，便乞求高僧，但仍然无济于事。最后，妇人终于不说话了。

这时，高僧来到门外，问她："你现在不抱怨了吧？"

妇人说："我只抱怨自己为何到此处受罪。"

"你连自己都不能原谅，又怎么能心如止水呢？"高僧说完后便离开了。

不久，高僧又问她："你还抱怨吗？"

"不抱怨了。"妇人答道。

"为什么？"

"抱怨也没用。"

"你的怨气还积压在心里。"高僧说完又离去了。

当高僧第三次来到门前时，妇人说："我想明白了，抱怨只会让我越来越生气，这些小事儿根本不值得我浪费精力。"

人生苦短，将有限的精力耗费在抱怨上岂不可惜？生活中若没有抱怨，该多么舒心如意。即刻起，请不要因小事而抱怨。久而久之，你就会与抱怨绝缘，与烦恼绝缘。

# 不要把光阴浪费在抱怨上

抱怨除了能释放消极情绪，几乎没有任何好处。当一个人面临逆境不停地抱怨时，就会对生活感到失望、焦虑和无助，而且会把坏情绪带到以后的生活中。

想想看，人们是不是一般只会抱怨人力能够改变的事？你见过有哪位老人弯着腰走在街上，抱怨是地心引力把他变成这样的吗？显然没有。因为地心引力没人能改变，所以人们只能接受这个现实。

事实上，我们可以好好地利用地心引力，从而获利良多。比如，我们修建引水管，从山上引水下来，同时利用排水管把废水排走。我们利用地心引力还能得到更多的乐趣，因为几乎所有的运动都与地心引力有关。我们滑雪、跳伞、跳高、掷铁饼和标枪、打篮球、打棒球、打高尔夫球——全都离不开地心引力。

你想得到更好的工作，找到更佳的伴侣，拥有更好的住所和更好的邻居，吃更健康的食物……但所有这一切，都要求你进行改变。但是，如果你是爱抱怨的人，就会无视这一切，因为你不愿冒风险。

为什么你不能尝试改变而只是一味地抱怨呢？原因是抱怨相当简单，而去做那些自己一直抱怨的事会有风险。你会冒失业的风险，冒孤身一人的风险，冒被人嘲笑和批评的风险，冒失败、对抗和犯错的风险，冒被母亲、邻居和伴侣反对的风险，这可能会使你感到不安、艰难和困惑。为了避免产生这些不安的情绪，你就选择原地不动，继续抱怨。

抱怨是因为你想要得到却不敢冒险创造的东西而产生的。对此，你要么接受原地踏步的决定，对自己的选择负责，不再抱怨；要么承担风险，创造自己真正想要的生活。

很多时候，当你不愿为生活中的某件事承担责任时，你只能向抱怨和责怪求助。但是，抱怨、责怪是一种徒劳无功的表现。你能够肆意地抱怨和责怪他人，但这样对自己不会有任何帮助。抱怨仅有的功效是为自己开脱，把自己不快的精神或消沉的情绪归咎于外在因素。

即使抱怨能够产生一定的实际效果，这种效果与你也是毫不相干的。通过抱怨，也许你能使他人后悔，但你却不可能因此而消除使你不快的原因。对于这种原因，也许你能把它忽略掉，却无法借抱怨改变它。

倘若你不能从外界因素中解脱，或者总是认为外界因素在控制着你，你就不可能真正地生活，不可能有所作为。真正的生活并不表示要扫除人生中的一切难题，而是要将外界控制转变为内在控制。这样，你就要对自己感受到的每一种情感负责。

你并非机器人，没有必要根据他人设定的各种莫名其妙的程序稀里糊涂地过完一生。你应该更为严格地审视这些条条框框，逐步控制自己的思想、情感和行为，不再无休止地抱怨。

要改掉抱怨的习惯，可以多留心并记住生活中那些美好的事情。这样，不管你在生活中遇到什么事情，都能发现好的一面。接着，你便会产生积极的情绪，感到幸福和快乐，并对生活充满希望和感激。时间长了，这些积极的情绪就会在你的潜意识里生根发芽，你心里那些抱怨的声音也将减少。

　　抱怨能使你彻底受伤，会剥夺所有改变你生活的可能。停止抱怨，很快你就会发现，其实并没有什么事情真的需要抱怨。随着时间的流逝，生活肯定会更好，你会体验到自己逐渐拥有了对生活的控制能力和驾驭能力，在不知不觉中获得成功。

　　下定决心停止抱怨吧，不要在抱怨上花费工夫！努力去创造你梦想的生活！

Part

**5**

抛开忧虑，
还心灵一份宁静

忧虑

忧虑

忧虑

# 凡事多往好处想

人活在世上，总会遇到令自己抱怨的事情。乐观者在面对这样的事情时，总是将一个更坏的假设和事实做对比，因而事实总是更好。悲观者总会觉得一天不如一天，所以抱怨总是很多。

一个乐观者和一个悲观者聚在一起。

悲观者问："假如你一个朋友也没有，你还会高兴吗？"

乐观者答："当然。我会高兴地想：虽然我没有朋友，但是我还活着。"

悲观者问："假如你正在行走，突然掉进一个泥坑，出来后全身脏兮兮的，你还会高兴吗？"

乐观者答："当然。我会高兴地想：幸亏我掉进去的泥坑并不深。"

悲观者问："假如别人莫名其妙把你打了，你还会高兴吗？"

乐观者答："当然。我会高兴地想：幸亏我只是被打了一顿，而我还活着。"

悲观者问："假如你在拔牙时，医生拔错了牙，你还高兴吗？"

乐观者答："当然。我会高兴地想：幸亏他只是把牙拔错了，而不是错摘了我的内脏。"

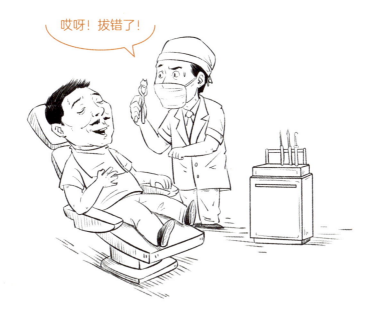

悲观者问："假如你即将丧命，你还会高兴吗？"

乐观者答："当然。我会高兴地想：我终于高高兴兴地将人生之路走完了，让我随着死神，高高兴兴地去参加另一个宴会吧。"

悲观者问："这么说，生活中没有能够让你感到痛苦的事，生活永远是快乐组成的一连串音符？"

"是的，凡事只要多往好处想，你就会活得很精彩。因为痛苦往往是不请自来的，而人们只有通过发现、寻找才能找到快乐和幸福。"乐观者快乐地说道。

这个乐观者让我们折服。如果人人都有他这样乐观的心态，那还会有什么事情做不成呢？

人活在世上会遇到各种各样的事情，或喜或忧，或悲或乐。很多身处逆境的人，总会先向别人抱怨一番。其实，不管你的际遇如何，也不管你成功与否，只要你善于调整自己的心态，凡事多往好处想，也就不会有抱怨之心了。

# 做自己乐意的事，享受愉快的生活

人们总想生活得快乐，也会为了生活去努力奋斗，这些都是正确的。但是如果为了得到快乐的生活而违背自己的意愿，做自己不乐意做的事，那就得不偿失了。因为这样不仅不能让你得到快乐，反而会使你变得不快乐。

一位经济学专业的留学生，在纽约华尔街附近的一家餐馆打工。一天，他雄心勃勃地对着餐馆大厨说："你等着看吧，我将来会在华尔街有一席之地。"

大厨好奇地问道："年轻人，你以后打算怎么办呢？"

留学生很流利地回答："我希望毕业后去一流的跨国企业工作，在这种企业工作不但薪水高而且有前途。"

大厨摇摇头说："我不是问你的前途，而是问你未来的志趣。"

留学生一时无语，没理解大厨的意思。

大厨却长叹道："如果金融危机持续下去，餐馆不景气，那我只好去做银行家了。"

留学生惊得目瞪口呆，怀疑自己听错了，眼前这个一身油烟味的厨子，怎么会跟银行家沾得上边呢？

你等着看吧，我将来会在华尔街有一席之地。

大厨对留学生解释道："我以前就在华尔街的一家银行上班，天天忙碌无比，没有时间做与自己的兴趣相关的事。我一直很喜欢烹饪，家人、朋友也都很赞赏我的厨艺。每次看到他们津津有味地品尝我烧的菜，我便满心欢喜。有一天，我在写字楼里忙到凌晨一点。当我吃着快餐充饥时，我下定决心要辞职，摆脱这种机器般的刻板生活，去做一名厨师。现在，我生活得比以前要愉快百倍。"

这位大厨十分明智。能够放弃高薪的工作转而去做自己喜欢的工作，这无疑需要一种豁达的心境，但这样他也收获了快乐。快乐是自己的事，所做的事只要自己喜欢就好。我们应排除干扰，听从内心的意愿去做事。

# 把快乐当成长久的习惯

  生活中，似乎人人都喜欢快乐，渴望快乐，但却有不少人不快乐。这些人不快乐的原因，往往是生活压力、工作压力，或是身边发生了令人烦恼的事情。

动物王国的动物们繁殖得很快，它们现有的家园已无法供它们栖息了。为此，狮王发布命令，准备组织一支探险队，去寻找新的生存环境。

探险队以骆驼为首，其他成员包括猩猩、长颈鹿、大象、狐狸。大伙收拾一番后，便开始执行任务。

一路上，队员们在骆驼队长的带领下，克服艰险困难，历尽千辛万苦，可还是没有找到理想的家园。有的队员已心灰意冷，有的队员则不停地抱怨条件艰苦……只有猩猩始终很快乐。

有一天清晨，猩猩起床去河边洗脸，回来后，其他队员才刚刚起床。

"早上好，伙计们。"猩猩愉快地向其他队员打招呼，可是没有同伴搭理它。

"嗨，伙计们，这里空气很好啊！"猩猩愉快地对大家说，并轻轻地哼起歌来。猩猩的举动让其他队员很是不解。

"喂，你好像很高兴的样子，受表扬了？"狐狸带着讽刺的口吻问猩猩。

"是的，你说的没错。"猩猩说，"我真的觉得很愉快。我习惯于让自己感到愉快。"

习惯快乐地生活的人，在面对问题的时候，不会让自己陷于抱怨之中。他们往往会用积极的心态去面对问题，让自己保持心情愉快，然后更好地解决问题。

让我们从现在开始将快乐变成习惯吧！

# 学会为自己排除忧虑

将人们击垮的，有时并不是那些似是灭顶之灾的挑战，而是一些琐碎的忧虑。我们在经历过生命中无数狂风暴雨和闪电的打击后，本应坚强无比，可我们的心却仍会被"忧虑"这只小甲虫咬噬。要想排除忧虑，必须先了解忧虑。

### 1. 你所忧虑的事情 99% 都不会发生

在科罗拉多州长山的山坡上，躺着一棵大树的残躯。自然学家告诉我们，它曾在美洲大陆上矗立了四百年的光阴。它开始发芽的时候，哥伦布刚到美洲；第一批移民到美国来的时候，它才长了一半大。在它漫长的生命里，闪电击中它十四次，无数的狂风暴雨侵袭过它，但它依然屹立不倒。

但是，在最后，一群甲虫攻击了这棵树，它倒下了。

那些甲虫从树的根部往里面咬，渐渐伤了树的元气。这样一个森林里的"巨人"，岁月不曾使它枯萎，闪电不曾将它击倒，狂风暴雨没能伤其筋骨，最后它却被小小的甲虫毁了。

这与现实生活有着惊人的相似之处：将人们击垮的，往往并非那些似是灭顶之灾的挑战，而是一些微小的力量。我们不就像那棵历经风雨的大树吗？

人们通常能勇敢地面对生活中的大危机，可是却会被一些小事情乱了阵脚，坏了心情。不过，成功者决不会如此。

不要让忧虑困住自己，因为在多数情况下忧虑只是杞人忧天。

今天正是你昨天忧虑的明天。所以，在忧虑时不妨问问自己："我忧虑的事情会发生吗？"

### 2. 消除忧虑，操之在我

在欧洲中古时期，残忍的将军折磨俘虏时，常常把他们的手绑起来，在他们上方放一个不停往下滴水的袋子。

水滴着，滴着……时间一分一秒地流逝。

最后，这些水不停滴落的声音，变得像是凿子在敲击的声音，让人崩溃。

忧虑就像正在不停往下滴的水，通常会让人心神不宁、心情大乱。

在谈到忧虑对人的影响时，一位医生说："有 70% 的病人只要能够消除他们的恐惧和忧虑，那他们就什么病都不会有。"

约瑟夫·蒙塔格博士曾写过一本《神经性胃病》的书，书里提到："胃溃疡的产生，不是因为你吃了什么，而更多是因为你忧愁太甚。"

医学领域已经消除了大量可怕的细菌性疾病，可是，医学界始终无法治疗那些非细菌性的，由于情绪上的忧虑、恐惧、憎恨、烦躁以及绝望所引起的病症。这种情绪性疾病所引起的灾难正日渐增加，在现代人群中迅速扩散。

精神失常的原因何在？没有人可以细说。不过，在大多数情况下，这极可能是恐惧和忧虑造成的。忧虑的人多半不能适应现实生活，所以他们总是逃避现实世界，退缩到自己的梦想世界里，从而更加忧虑。

心理医生会告诉你：工作——让你忙着——是心理疾病最好的治疗方法。

如果你不能一直忙碌着，而是无聊地闲坐，就会产生一大堆"胡思乱想"的东西，而这些"胡思乱想"的东西就像传说中的妖精，会掏空你的思想，摧毁你的心力。

忧虑时，找点事做，让自己忙起来，你的血液就会加快循环，你的思想就会变得敏锐，你会更加专注于你所做的事。

# 善于寻找光亮，黎明就在不远处

　　人生总是有太多遗憾，很多时候这些遗憾都是因为你总是从自己的身上找缺点。你如果在自己身上只能看到缺点，那么肯定会觉得自己一无是处，甚至连活下去的勇气都没有了。但你如果善于从自己的身上找亮点，就会看到光明与希望。

有个年轻人被判无期徒刑。面对监狱高高的围墙，面对无穷尽的囚禁人生，他失去了活下去的勇气，打算了结生命。但他突然回想起家人、同学、老师与自己相伴的日子，于是决定只要能想到一句赞许、鼓励、温暖的话，他就活着，为这一句话而活下去。最后，他想到自己读中学时一位美术老师说的话。当时，他将一幅恶作剧的涂鸦作品交上去，老师说："你的这幅画色彩搭配得不错。"这句赞美的话成了年轻人搜索过去世界的一个亮点，有了这个亮点，他在黑暗中找到了光亮，并成了一名画家。也正是因为这个小小的亮点，他放弃了轻生的想法，并有了一个精彩的人生。

现实生活中，有的人穷尽一生来寻找幸福的真谛。事实上，这是一道不算太难的题，幸福和痛苦往往只在一念之间，关键就看你能否找到自身的亮点，发现幸福。

人生总会有低谷，人处于低谷时便容易心生抱怨。此时，你需要停止抱怨，多从自己的身上找亮点，一旦找出亮点，你就在无形中给了自己一份奖赏。有了这份奖赏，你便会发现，生活原来是那么多姿多彩。

# 换个角度看麻烦

小李从小生活条件就很好，父母也特别宠爱他。后来他考上了大学，读了一个自己喜欢的专业，毕业后也没怎么费劲就进了一家很棒的单位。

他开心地走上工作岗位。然而，接下来的一切却让他始料未及。面对单位复杂的人际关系，他显得那么单纯，甚至有些天真，他说话做事都率性而为，不懂得如何收敛。渐渐地，他听到了同事议论他，说他年轻气盛、做事毛糙等。从小就生活在蜜罐里的他，在那一段日子里过得很艰难。

他回家后便把自己在单位遇到的各种麻烦告诉父亲，父亲给他讲了一个故事：有个人在一次车祸中不幸失去了双腿，朋友和亲戚都来安慰他，对他表示了同情和怜悯。而他却回答道："这事的确很糟糕，但我保住了性命，并且认识到活着是一件那么美好的事，所以我比以前更加珍惜生命了。你们看，我现在呼吸还是一样顺畅，一样可以欣赏天边的云朵和路边的野花。我虽失去了双腿，却明白了生命的可贵。"

小李的父亲继续说："这个遭遇车祸的人是个聪明的人，他知道失去双腿是一件不可挽回的事，无论如何都改变不了。所以，他换了一个角度，以积极的态度对待这件事。而你作为一个刚刚进入社会的年轻人，和同事之间相处得不好也是正常的事。单位毕竟不是家庭，总会有各种各样的麻烦。你应该换个角度，把这种不愉快看作是对自己的一种激励，使这些磨炼成为你事业成功的垫脚石。你现在所面临的境况，很可能是你人生经历中一次很好的转折。"

父亲的一番话让他豁然开朗。他回到单位后，每当遇到麻烦时，他就换个角度想：这是一件好事情，说明我的做法有所欠缺，我得改正。如果确实不是他的错误，他也不会生气，而是换个角度想：这说明别人对我的要求比我想象中的要高，我得努力。对于同一件事，过去给他带来的是烦恼、苦闷，而现在带给他的却是前进的动力。

有时绝望孕育着希望，失去也代表着另一种收获！当你的生活不如意时，不要放弃，不要以为自己一定失去了什么，要拿出良好的心态，也许换个角度，就跨越了得与失的分界线。

倘若你的心因凡尘碎成一片，请别难过，尝试站在新的角度上，以一种积极的心态面对所有的麻烦。只有这样，你才能轻松、愉悦地走过人生的荆棘道路！

# 重如千斤的羽毛

有一个年轻人整天郁郁寡欢，于是去请教一位智者。智者给了他一根羽毛，让他举着不要放下。一分钟过去了，智者问他累不累，他说不累；半个时辰过去了，智者问他累不累，他说手臂有些酸；一个时辰过去了，智者问他累不累，他说手臂都麻了。终于，智者让他放下羽毛，漫不经心地问他感觉如何，他说轻松无比，顿时恍然大悟。

举一根羽毛时间久了会让人感到辛苦，更何况是我们心头的千斤重石呢？所以，对于人生的许多包袱，能放手时就必须放手，否则只会让自己的身心疲惫不堪。

人生中许多烦恼产生的原因就是没有学会放下，有时我们即便明白了烦恼的根源所在，也不肯放下。如此一来，心灵必定要背负沉重的包袱，于是原本可以轻松前行的脚步慢慢变得蹒跚。

古有贤人，放下世俗的烦恼，甘做"闲云野鹤"，与草木为邻，与山河为伴，乐得逍遥自在。古人都能如此放得下，我们又为何要带着没用的包袱上路呢？其实，生命中有很多东西都是没有必要带在身上的，该放下的时候就得放下，否则必然会成为人生旅途中的负担，阻碍我们前行的脚步。

放下沉重的包袱，不为贪婪所迷惑，不为钱财所伤神，这样的人生自然是轻松而快乐的。

Part
6

放下之后，
人生方自在

# 只有放下才能真正有所收获

　　我们总喜欢把简单的问题复杂化，以为最美好的东西一定是最难得到的。于是，我们为了过更好的生活，拼命地赚钱；为了获得别人的尊敬，拼命地隐藏我们的缺点。我们追求的东西太多，并且在追求的过程中放弃了很多，甚至因此迷失自我。

　　住在宽敞明亮的大房子里，我们就真的快乐吗？脖子上戴着价值不菲的钻石项链，我们就真的幸福吗？

　　人生往往会遇到很多烦恼，其中最大的烦恼往往来自自己。其实，不必考虑太多，天空有天空的高远，彩云有彩云的逍遥，流水有流水的自在。所谓的标准并不适合所有人，你无须以某种标准来衡量自己是否幸福。

　　把手握紧，能抓住的东西往往很少；把手放开，或许将会得到更多。

　　我们很容易被世俗的东西捆住手脚，费尽心机去追求那些虚无的东西。所以，当你被世俗所累、被欲望缠身的时候，应该好好地反思一下，自己追求的这些东西真的有意义吗？有时候，我们要求得越多，收获得越少。

　　有位哲人曾说："风和日丽的晴空，有人看见的是蓝天，有人看见的是白云，有人看见的是风筝，有人看见的是蜻蜓。"世界本就是客观存在的，只是由于我们每个人心中早已有了某种选择的倾向，这才形成了最终结论上的差异。

一双能够欣赏高山瀑布的眼睛背后，一定有能容纳这壮丽景象的宽广胸襟。也许天地间雄伟壮丽的事物，正是为了让我们这些渺小的人类意识到自己应有宽广的心胸。

放下那些衡量付出与收获的标准吧，也许这样会让你有意外的收获。

所谓放下，就是去除你的分别心、是非心、得失心、执着心。放下所有的烦恼，不担忧未来，不执着于现在，内心将会得以平静。

当我们遇事求而不得时，不如放下。放下不代表无奈，也不是放弃，而是一种坦然，一种大度，一种彻悟，一种灵性。唯有放下，才能得到自由和快乐，才能真正解脱出来。

# 扔掉心中的标尺

"心理高度"是人无法取得伟大成就的根本原因。你只有打破自设的禁锢，激发你的生命活力，才能达成既定的目标。

行为科学认为，人有95％的行为是按照习惯行事。如果一个人的信念系统有问题，那么他的行为出问题的概率极大。

很多时候，经过一定努力而未达到预期效果，我们便故步自封、画地为牢，觉得自己永远无法办到某件事，却完全忽视了自身力量的壮大和外界条件的改变。久而久之，我们便形成了习惯性思维，被困在失败的经验中爬不出来，导致一次次失去机会。

喜欢自我设限的人最爱说："这是不可能的。"在做事情之前，总想着"不可能"，结果事情真的没有完成，这反过来又验证了"不可能"的正确性。于是，这样的人更相信开始时自设的限制，如此恶性循环，自我设限便成为成功的杀手！

突破心障，才能超越自己。心理学大师卡耐基常以一句箴言自省："我想赢，我一定能赢，结果我又赢了。"在困难和挑战面前，赢得成功的最好办法就是先赢自己。

我们只有突破限制，才能大步向前。然而，许多人走不出人生各个不同阶段或大或小的阴影，并非他们天资比别人差，而是因为他们从来没有

想过自己能走出阴影。

我们能否成功？能有多大的成就？这一切都取决于自我设定！我们会无意识地在心里描绘自我的形象，认为自己是成功或失败的人、勇敢或懦弱的人。这将在很大程度上决定自己的命运。

很多人不敢去追求成功，不是因为他们无法追求，而是因为他们的心里面已选择了一个"高度"，这个"高度"常提醒他们：成功是不可能的。他们不会不惜一切代价去追求成功，而是一再降低成功的标准。他们早已被吓怕了，或者已习惯了，不想再进取。人们往往会因为害怕追求成功，而甘愿忍受失败者的生活。

意大利伦霍尔德·米什尼成功登上珠穆朗玛峰后，接受了记者采访。

记者："8000 米的高度被登山运动员称为'死亡高度'，您怎么不带氧气瓶呢？"

> 米什尼："医生能证明我的肺功能与你相差无几，我在证明
> 8000 米的高度不是人的死亡高度！我在这个高度每走一步都要停
> 下来深呼吸 20 次，吸够氧再走。"
>
> 记者："所有登上世界高峰的人都会带一面自己国家的国旗，
> 而您为何只带一方手帕？难道手帕上有着比国旗更能激发您浪漫情
> 怀的东西？"
>
> 米什尼："我的手帕只是在商店随意买的。我挥舞普通的手帕
> 只是想说明，人登上世界屋脊就如同爬上屋顶。我不带国旗就是想
> 告诉世人，不仅仅是意大利人才能登上这个高度！"

人所能达到的高度，常常是自己在心理上设的高度。自古以来，每一次创造性发明，每一次革命性突破，每一个平凡人的成功，都是勇于突破限制，向本以为不可能完成的事挑战的结果。正如土耳其谚语所说："每个人的心中都隐伏着一头雄狮。"这就是对人生价值的肯定。

# 学会理智地放弃

智者告诫人们：有时盲目地坚持未必会成功，我们必须学会理智地放弃，否则就可能因为固执而心生怨念。

有一种非常奇异的草，名叫风滚草。每到干旱的季节，风滚草就会从土里收起自己的根，把自己卷成一个小球，随风滚动。滚到湿润的地方就停下来，重新扎根生长。关于风滚草，还有下面这么一个寓言。

大小两株风滚草生活在一个地方。有一年夏天，那里一连三个多月没有下一滴雨，火球似的太阳似乎要把大地烤熟。许多花草树木都干枯了，只有一些耐旱的植物活了下来。

一天，小风滚草对大风滚草说："姐姐，我们赶快离开吧，这里又干又热，待在这里我们必死无疑。"大风滚草摇晃着干巴巴的身子，说："我们风滚草就这么软弱吗？咱们一定要在这里坚持下去。你看人家仙人掌就能坚守在沙漠，沙漠不知道比这里要干热多少倍呢。"小风滚草说："仙人掌不能随风滚动，怎么能离开那里呢？它们为了活下去，只好拼命地把根往地下钻，一直钻到很深的地方，靠吸地下水生活。我们不会钻地，可是我们会滚动呀。姐姐，我们还是赶快离开这里吧。"大风滚草生气了，说："这么一点苦你就受不了了！真是懦弱无能。"小风滚草听了大风滚草的话，就对它说："那好吧，我去寻找水源了。如果这里一直不下雨，你也趁早离开吧。"说着，小风滚草从土里"拔"出根来，身子一卷，随着风晃晃悠悠地滚动起来。

小风滚草滚呀，滚呀，最后在一条小溪旁重新扎根。小风滚草吸到了足够的水分，不久，枯黄的身体又焕发出活力。

而大风滚草呢，一直在老地方忍受着干旱的折磨，最后在干旱中枯萎了。

如果某一天，你走进一条死胡同，请及时掉头，这样你才可能找到出路。

# 远离贪婪，知足常乐

贪婪的人总是不满足。有了一个好东西，还想要更好的；有了一百万，还想要二百万、三百万……有多少他就想要多少，似乎想把全世界的东西都占为己有。但切记：过犹不及。

有人曾问一个炒股的人怎样才能不输钱。"要记住两个字——知足。"他说，"如果太过贪婪，就会连投进去的钱都保不住，血本无归。"所以，过度贪婪者，轻则伤财，重则倾家荡产，锒铛入狱，自食恶果。

欲望诱惑着人们追求物欲的更高享受，而过度追逐物欲只会让自己陷入困境。因此，凡事适可而止，才能把握好自己的人生方向。

几个人在岸边钓鱼，旁边有人在观看。只见一位钓鱼者竿子一扬，钓上了一条好大的鱼，足有40厘米长，鱼落在岸上后依旧活蹦乱跳。可钓鱼者却用脚踩着大鱼，解下鱼嘴内的钓钩，顺手将鱼丢进湖里。

旁边的人发出一片惊呼，这么大的鱼还不能令他满意，可见他钓鱼的雄心之大。就在众人屏息以待之际，钓鱼者的钓竿又是一扬，这次钓上的还是一条约40厘米长的鱼，钓鱼者仍将其放了。

第三次，钓鱼者的钓竿再次扬起，只见钓线末端钩着一条小鱼。众人以为这条鱼也肯定会被放回湖里面。不料，钓鱼者却将鱼解下，小心地放入自己的鱼篓当中。

众人百思不得其解，就问钓鱼者为何舍大而取小。

钓鱼者回答："因为我家里面最大的盘子也只不过 30 厘米长，把太大的鱼钓回去，没法盛啊。"

知足者常乐，钓鱼者这种不贪图大鱼，只取适合自己家盘子的小鱼的行为，不正是很好的体现吗？贪婪的人是无法感受到知足者的快乐的。

大千世界存在万种诱惑，什么都想要，只会使你疲惫不堪，该放就放，你会轻松快乐地度过一生。贪婪的人往往很容易被事物的外表所迷惑，甚至难以自拔。

一次，一个猎人捕获了一只能说 70 种语言的鸟。

"放了我，"这只鸟说，"我将会送你三条忠告。"

"先告诉我，"猎人回答道，"我发誓我会放了你。"

鸟说："第一条忠告：事后莫懊悔。第二条忠告：如果有人告诉你一件你认为不可能的事，就不要相信。第三条忠告：当你爬不上去时，就不要费力去爬。"

然后，鸟对猎人说："该放我走了吧。"于是，猎人将鸟放走了。

这只鸟飞到一棵大树上，又向猎人大声喊道："你真愚蠢。你把我放掉了，却不知道我藏有珍珠，正是这颗珍珠使我变得这样聪明。"这个猎人很想再去捕捉那只放飞的鸟。他跑到树跟前并开始爬树。但是，当他爬到一半时，就摔下来了。

鸟嘲笑他并向他喊道："笨蛋！你忘记了我的忠告。我告诉你，事后莫懊悔，而你却后悔放了我。我告诉你，如果有人告诉你一件你认为不可能的事就不要相信，而你却相信像我这样一只小鸟有一颗很大的珍珠。我告诉你，当你爬不上去时，就不要费力去爬。你却强迫自己爬树，结果掉下去了。"

说完，鸟就飞走了。

贪婪是一种顽疾，人们极易成为它的奴隶。人的欲念无止境，当得到一些时，仍指望得到更多。一个人贪求厚利、永不知足，那是在让自己变得愚蠢。贪婪是罪恶之源；贪婪能令人忘却一切，甚至是自己的人格；贪婪能令人丧失理智，做出蠢事。因此，我们真正应当采取的态度是：远离贪婪，知足常乐。

# 低姿态，高标准

亚里士多德曾说："目标的高标准与身子的低姿态和谐统一才能成功。"放低姿态不是懦弱，而是为人处世不可缺少的修养和风度。从低姿态做起，才能打好基础，循序渐进，蓄足力量，把事情做得更好。

一个对绘画艺术如痴如醉的年轻人每到一个地方，就满心欢喜地去拜访当地小有名气的书画家。然而，年轻人发现，这些声名在外的人常常名不符实。这让年轻人的内心感到十分失落。

一次，这个年轻人去了一个寺庙，拜访了那里德高望重的老住持，对老住持诉说着自己内心的苦闷：他一心一意想要求得绘画的技巧，但苦于没有师父。

老住持笑了笑，问："你走南闯北这么多年，都没有找到师父？"

年轻人深深地叹了口气，哀怨地说："他们都是徒有虚名，我见过他们的画，有的人画技甚至还不如我。"

老住持听了，平静地说："我虽然不懂绘画，但也爱收集一些名家精品。既然施主的画技不比那些名家逊色，请施主画一幅画吧。"说着，便吩咐一个小和尚拿来笔墨纸砚。

老住持对年轻人说："我最大的爱好就是品茶，尤其喜爱那些造型流畅的古朴茶具。施主可否为我画一个茶杯和一个茶壶？"

年轻人听了，说："这还不容易？"于是研好墨，铺开宣纸，寥寥数笔便画好了。只见画中茶壶的壶嘴正徐徐吐出一股茶水，注入茶杯。年轻人问老住持："这幅画您满意吗？"

老住持微微一笑，摇了摇头，说："你画得确实不错，但有错误。应该是茶杯在上，茶壶在下呀。"

年轻人听了，不解地问："大师为何如此糊涂，茶壶往茶杯里注水，哪有茶杯在上而茶壶在下的？"

这时，老住持说："原来你懂得这个道理啊！你渴望自己的杯子里能注入更香的茶，但你总把自己的杯子放得比茶壶还要高，怎么会有茶注进去呢？"

聪慧的年轻人马上领悟了，再三谢过老住持，然后高高兴兴地下山去了。

把自己放低，才能更清醒地认识到自己的缺点和毛病，虚心进步。而一些自我膨胀的人，往往把自己放得太高，他们看不到自己的缺点，也看不到别人的优点，所以最终难以成就大业。无论做什么事情，别忘了以低姿态前进，这样才能使你收获更多。

有时候，低比高更容易生存，正如世界名曲往往是低音切入，而后逐渐演变成高昂激烈、振奋人心的曲调。当我们放低姿态的时候，不仅认清了自己，也更好地了解了别人，这会让我们有更大的发展空间。

无论你是怎样的一个人，社会地位如何，放低姿态都不失为一种智慧的处世哲学。

# 该收手时就收手

所有人都应懂得在合适的时候收手：一旦获得足够的利益，即使面前有再多的利益，也要见好就收。

接踵而来的好运也许伴随着你无法预料的风险。当你还在为那点利益沾沾自喜时，你可能很快就会遭遇很大的困难，因为幸运之神不可能总是眷顾你。

"功成身退"是一种智慧的做法，是指一个人获得一定的成功后，见好就收。隐退可以躲避灾难，它能更彻底、更有效地保护自身。

春秋末，越国有个人叫范蠡。他对越王勾践忠心耿耿，帮助勾践打败吴国，一雪前耻。

范蠡深知勾践为人，认为勾践这个人只能共患难，不能共享乐，于是向勾践表明自己要离开的愿望。

勾践并不知道范蠡的真实想法，拼命挽留他，但范蠡心意已决，自此与勾践不再联系。

范蠡离开越国后，辗转到了齐国。在齐国，范蠡一心经商，很快成为那里人尽皆知的大富翁。

　　齐王看中他的能力，想请他当宰相，但被他委婉地拒绝了。他深知在野而拥有千万财富，在朝担任一国之宰相是很大的光荣，可是荣耀太长久了反而会成为祸害的根源。

　　于是，他做出了一个决定：将财产分给大家。然后他就带着家人悄无声息地离开了齐国。不久后，他又在陶地经营商业成功，积蓄了百万财富。

　　然而，和范蠡一起辅佐过勾践的文种虽然劳苦功高，但是却因为勾践听信谗言而落得自杀的下场。

　　至于隐退与否，因人而异，但最终理想的结局应该是"功成身退""告老还乡"，可以保人平安，此乃"天之道"也。历代用人者也都喜欢"知退者"，因为"知退者"对他们都很忠诚，极少惹是生非。

自然界的一切事物都会发展到最好的状态，只要尚未达到至善的境界，它们就会一直不停地向前发展；而一旦达到至善的境界，它们就会渐趋衰落。能够做到见好就收、功成身退的人，便是识时务的人，他知道如何保护自己，如何成就别人，如何以儒雅的风度来面对人生。

# 过分贪图名利要不得

　　曹雪芹在一首诗中这样写道："世人都晓神仙好，惟有功名忘不了！古今将相在何方？荒冢一堆草没了。"俗语中也有"人为财死，鸟为食亡"的说法，可见浮躁虚华的名利害了多少人。

　　名利就像缰绳和锁链，将人紧紧地缚住，让人们的身心受其驱使。郑板桥有诗云："船中人被名利牵，岸上人牵利名船。江水滔滔流不息，问君辛苦到何年。"

由此可见，人生在世，永远都逃不过名和利的牵扯。据说乾隆皇帝下江南时，看见运河上舟楫来来往往，便问左右："他们都在忙些什么？"左右便回答："无非是名利二字。"而汉代的司马迁则说得更为清楚："天下熙熙，皆为利来；天下攘攘，皆为利往。"

北宋时期的宋庠、宋祁兄弟，年轻时艰苦朴素，矢志向学。兄弟俩同赴春试，同登一榜，宋庠夺魁首，宋祁居第十，被传为历史上的一段佳话。但做官后，兄弟俩的仕途却截然不同。在某年的一个元宵节夜晚，当上宰相的宋庠在书院内读《周易》，听说他的弟弟宋祁点华灯，拥歌妓，醉饮达旦。次日，宋庠对宋祁说："相公寄语学士，闻昨夜烧灯夜宴，穷极奢侈，不知记得某年上元，同在某州学内吃韭菜煮饭时否？"宋祁笑着说："却须寄语相公，难道不懂某年同在某处吃韭饭即为今日的富贵？"

所有功成名就的人士，都是付出了辛勤血汗的人。但宋氏兄弟二人对"不知吃韭饭是为什么"却有不同的回答。宋祁为了名利而苦学，拥有富贵后便开始骄奢淫逸。

不追求名利的人，即使为人类做出巨大的贡献，也毫不为自己邀功请赏，只希望存一份正义于世间。

镭被居里夫妇发现之后，一封来自美国布法罗市的信件建议他们申请制造这种元素的专利。在当时，镭非常值钱，申请专利能使他们获得很高的物质利益。可是居里夫妇却毫不犹豫地拒绝申请专利，并毫无保留地公布了研究结果。居里夫妇为了回避访问，离开了城市。

　　有一次，一位朋友发现，居里夫人的小女儿正在玩英国皇家学会颁给居里夫人的一枚金质奖章，连忙说："获得英国皇家学会颁发的奖章是无与伦比的荣誉，你怎么能给孩子玩呢？"居里夫人笑了笑，说："我是想让孩子们从小就知道，荣誉与她的洋娃娃没有任何不同，可以玩玩，但绝不能永远依赖它，否则将一败涂地。"因为居里夫人超越了对名利的追求，把自己的一切都无私地奉献给了世界，所以她在科学事业上取得了优异的成绩，两次获得诺贝尔奖，还得到了 107 个名誉头衔、16 枚奖章、10 份科学奖金。

# 过度的贪婪只会带来不幸

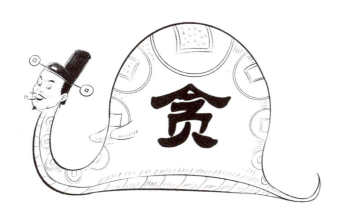

贪婪，是所有罪恶之源。越是发达的人，贪婪的欲望也就越强。在贪婪的驱动下，人们会追寻更多的东西，但却很容易将已有的东西遗失。贪婪会让人抛弃一切，甚至是自己的人格。一些人试图用装饰来伪装自己，所以乐此不疲地追逐着地位、声望、财富和权力。

由诱惑而生发的欲望太多，我们在满足欲望的同时，很可能迷失自我，以至出现一种错觉：财富和地位就代表了自己的一切。而一旦失去名利，我们的精神就会显得杂乱无章，没有任何依靠。

围绕物质财富和精神财富的话题是永恒的。两种财富都没有的人是非常悲惨的，有大量的物质财富却没有精神财富的人只会更加可怜，同时拥有足够的物质财富及精神财富才是最好的状态。然而，鱼和熊掌难以兼得，能够做到这一点的人在现实生活中少之又少。

通过考察每个人所重视的对象，我们可以对他真正的价值进行衡量。我们最宝贵的财富是生命，而它已经与我们同在了。很多人为了追求财富和权力，碰得头破血流，但他们却不明白爱情、亲情才是人间至宝，无论什么也取代不了它们。

终生争取的财富和世俗欢乐都只是浮云一现，我们是不可能带着它们离开这个世界的。

回望过去，出生时的我们和现在的我们已经截然不同了。出生时的我们一无所有，而现在，我们已被生活的重担压得喘不过气来。但与此同时，我们也被各种欲望诱惑着。假使我们的欲求总是不切实际，我们便永远无法感到满足，我们便会不停地去追寻，直到筋疲力尽。生活若到如此境地，快乐便不会存在。

Part

**7**

睿智人生，
取舍间彰显智慧

# 舍得的哲学

人们常说："舍得，舍得，有舍才有得。"是啊，凡事有舍才有得！在失去甲的时候，其实你得到了乙，只是你通常不自知罢了。

一名老翁靠捕鱼为生。

一天清早，他如往常一样来到溪边，准备捕鱼。可是，眼前的景象让他呆住了。前一天下的大暴雨将上游大量的碎石冲到了下游的小溪里，因此他没办法再捕鱼。他越想越伤心，于是便坐在小溪边号啕大哭起来。

小溪旁的山坡上有座小庙，庙里的师父听到他大哭的声音，便下山来问："你为什么哭啊？"

老翁答："小溪里面全是碎石，我没有办法捕鱼了。"

师父接着说："不可以下网捕，可以用手抓啊！你没看到鱼儿全在碎石上、石缝间跳跃吗？"

老翁揉揉眼睛一看，鱼儿果真全在碎石上、石缝间跳跃，可轻易抓到，刚才自己怎么没发现呢？

以"有舍必有得"的积极心态来看待事情，并不是要你陷于虚拟情境，而是让你看清现实。比如，夫妻离婚，你在失去婚姻的同时，得到了再度追求良缘的机会；恋人移情别恋，你在失去恋情的同时，也庆幸能在婚前发现对象不可靠；你失意于赚钱少，也可得意不用为了储蓄投资而烦心。

得与失之间肯定有平衡点，你不必因只看到失去而痛苦万分，你应该学着看到收获。得与失在你所在的空间是平均的，由你感受和体会。假如你认为自己经常在失去，从而感到失落，那你心胸太狭隘了；假如你经常认为自己在收获，便证明你的心态很好。这样并非掩盖你的失去，而是提醒你还在获得。这两个方面都真实地存在着，万万不可只看一方面。

生活中到处都有先舍而后得的奇迹。"舍"如同种子撒播出去，转了一圈，又带了一大群"子孙"回来。"舍"永远在"得"的前面，这不但是非常重要的顺序，也是幸福的秘诀，可是却被很多人忽视了。

有一种老式的压水机，如果不先灌一点水下去，是打不出水的，只有先注入一小桶水才能够引来整座井的泉源。

有人斤斤计较，对慈善救助感到为难，认为付出就是减少，收入才是增加。其实，生活中许多事情不是数学，而是植物学，不是加减乘除，而是要先栽种才能收获。

放下才能得到，能舍才能得。

其实，付出本身也是一种乐趣。我们不应该以功利的心态，为了得而舍，而应以一种积极的心态，诚心学习舍的课程。毕竟，在此途上，心灵的喜悦就是最大的收获。

你舍得奉献自己吗？你舍得去做慈善吗？你舍得与他人分享吗？当踏出第一步时，你就会发现舍的同时自己已经得到了许多。

# 学会合理控制欲望是必要的

也许，你拥有一个和睦的家庭、一份还算体面的工作，你的生活虽然不够富裕，但是平淡而温馨。可你却不满足，处理不完的琐事让你心浮气躁，你看不惯身边那些庸庸碌碌的人，虽然你也是其中一员。你经常幻想着天上掉馅饼，还希望能有一场羡煞旁人的艳遇，甚至扶摇直上成为商业巨头。

这些想法如同海市蜃楼一般，一遍遍在你的心里上演，它们让你有落差感，让你沉浸在一种深深的挫败感中。你甚至为此生出邪恶的念头，从此陷入万劫不复的深渊。

美食、荣誉、复仇、声望、权势……我们如果不控制这些膨胀的欲望，它们就会像一根根勒在我们脖子上的绳索，让贪婪过度的我们失去理智，直至窒息身亡。

每个人都不可能心如止水，只是对欲望的控制程度不同而已，有的人一日三餐粗茶淡饭即可满足，有的人每天享受山珍海味仍不满足。学会控制你的欲望，将对你的人生发挥很大的作用。

位于半山腰上的这座寺院，虽然远离市区，但是香火一直很旺。人们从很远的地方赶来，不仅仅是为了虔诚地烧香拜佛，也是为了听老住持讲经说法。

一天深夜，寺里来了一位不速之客，这人正是远近闻名的商业大亨。他少年得志，一直是电视、杂志上的风云人物，然而此时的他，眉目之间却显现哀愁。老住持亲自接待了他，这位大亨只说是车子抛了锚，不得已借住在寺庙。

第二天，老住持与大亨一起喝茶，略尽地主之谊。大亨欲言又止，终于在老住持的引导下脱口而出："如何清除人的欲望？"

大亨被老住持带到寺院外的山坡上，那里有着满山的灌木，有一棵被老住持修剪成了展翅欲飞的鸟的形状。老住持把剪刀交给大亨，和蔼地说："你只要能经常像我这样反复修剪一棵树，就能消除欲望。"

大亨心存疑惑，但还是接过老住持手里的剪刀，剪起一丛灌木来。

一盏茶的工夫过去了，老住持问他有何感觉。大亨笑道："身体舒展轻松了许多，可是并没有放下那些堵在心头的欲望。"

　　老住持颔首答道："刚开始都会这样，经常修剪就好了，以后你每星期来一次。"

　　大亨果然遵守约定，他每星期都会准时来到寺庙，三个月后，大亨已经将一棵灌木修剪成了一只初具规模的鸟。这个时候，老住持再次问他，是否已经懂得如何消除欲望。

　　大亨羞愧地说："可能是我太愚钝，每次修剪的时候，能够气定神闲，心无挂碍。可是，我从您这里离开，回归我的生活圈子后，所有欲望依然像往常那样冒出来。"

　　老住持对大亨说："原来剪去的部分，又会重新长出来。犹如我们的欲望，你别指望完全消除。我们能做的，就是将它修剪得尽善尽美。"老住持顿了一顿，意味深长地继续说道："放任欲望，它就会像灌木一样疯长，丑恶不堪。但是，经常修剪，它就能成为一道悦目的风景。对于名利，只要取之有道，用之有道，利己惠人，它就不是心灵的枷锁。"

　　大亨恍然大悟。


能够支配我们行为的意念，不是源于外界，而是源于我们强大的内心。当你浮躁的心灵平静下来时，你会发现自己的生活变得快乐许多；当你被无休止的欲望缠住时，你的心灵将变成一个无底洞，无法填满。


　　哈里 11 岁的时候，随父亲去湖心小岛钓鱼。那是鲈鱼捕捞开放日的前一个傍晚，哈里和父亲找好位置后，小心翼翼地放好鱼饵，举起鱼竿把钓线抛了出去。那时候月亮刚好升起来了，湖面银光闪闪。

　　哈里的鱼竿动了一下，他感觉一定是大鱼上钩了。哈里兴奋而小心翼翼地慢慢收线，熟练地操纵着鱼竿。经过父亲之前细心的教授后，哈里已经是个钓鱼的高手了。他一直等到那条鱼挣扎得筋疲力尽，才迅速把它拉上岸来。

真的是条大鱼，而且是条狡猾的鲈鱼！哈里兴奋极了，向父亲炫耀他的成果。而父亲相当平静，他先是看了看手表，然后皱了皱眉头，距离开放捕捞鲈鱼的时间还有两个小时。

父亲慈爱地看着哈里，声音里有着不容置疑的威严："孩子，现在还没有到可以钓鲈鱼的时间，你应该将它放生，你还会钓到别的鱼的。"

"不要，我再也钓不到这么大的鱼了。"哈里快要哭了，他跟父亲大声地争论着，"现在又没有别的人看到我的成就，更何况马上要到时间了。"

父亲提高了嗓门，说："怎么会没人知道，鲈鱼知道，你自己也知道。"

哈里知道没有什么可商量的了，于是慢慢地把鱼钩从大鲈鱼的嘴唇上取下来，依依不舍地把它放回湖里去。大鲈鱼有力地摆动着身子，转眼便消失了。

很多年过去了，当年那个沮丧的小孩子成了一名律师。在他的人生旅途中，他曾不止一次地遇到与那条鲈鱼相似的"大鱼"，但是他明白，应该放弃那些不属于他的东西，才会收获应得的成功。

我们的一生会遇到很多诱惑，这些诱惑让我们的思想脱离了道德的束缚，甚至犯下一些无法挽回的错误。我们埋怨那些诱惑我们的事物，认为是它们让我们失去了平时的冷静和淡然。其实，诱惑造成的恶果只不过是你心里欲望的一个反射，也就是说，恶果是你自己造成的，无须埋怨诱惑的存在。

因贪婪得到的东西，将成为人生的一种累赘。因为满足一个贪婪的念头，总会有另外一个贪婪的念头产生。于是，无休止的贪婪会让人们的欲望越来越多。

每个人都有欲望，但欲望自有其正向的一面，如果人类没有欲望，那么社会也将无法进步。只是我们要让自己的欲望合理，并培养出抵御诱惑的能力，否则最终将会被无尽的欲望吞噬。

# 不要被欲望掩埋

黄石公说："杜绝不良嗜好，禁止非分欲望，可以免除各种牵累。"又说："最痛苦的缺点，莫过于欲求太多。"修身养性、为人处世、保身养生之道，其宗旨在于节制嗜欲，减少思虑，弃除烦躁，杜绝尘劳，省精保神。寥寥数语，做起来却不容易。然而它的基本功夫和入门要诀，全在"平淡"二字。

在一个充满了诱惑的灯红酒绿的世界里，欲望是美酒，而平淡是清茶。安守平淡的生活，并且能以平常的心态来对待生活中的诱惑和干扰，让自己的灵魂安然入梦，于别人是湖泊一样的宁静，于自己是云朵一样的轻松。

安守平淡，并不是不求进取，也不是碌碌无为、放弃追求，而是以一种平常的心态来对待人生。诸葛亮说："非淡泊无以明志，非宁静无以致远。"只有选择一种恬淡寡欲的生活方式，心境才能平静，思虑才能悠远。

人要学会自我节制。"节制和劳动是人类的两个真正的医生。"法国启蒙思想家卢梭说。卢梭不愧是一位伟大的哲学家，他能把节制和劳动这两个看起来普通而又毫无联系的词放在一起，其见地之深，实在令人叹服。

孩子不懂事，需要大人帮助其节制，而大人则要进行自我节制。万事万物都是作为过程而存在的，其本身都有一个度。无论是人与人之间的关系，还是个人与社会的关系，节制都是最佳的调节剂。事实证明，人世间的恩怨烦恼，甚至悲剧，许多都是由于缺乏节制造成的。无论人或物，在节制之下，方能呈现出最佳状态。因此，必须学会节制。

明代吴承恩写过一首诗："争名夺利几时休？早起迟眠不自由！骑着驴骡思骏马，官居宰相望王侯。"

人是充满各种欲望的动物，但人又是具有一定自我节制能力的动物。节制欲望首先要做到内心知足，事能知足心常惬。面对名利不可患得患失，否则将永远和烦恼相伴。

我们只需要专注于自己的目标，专心去做自己的工作和事情，不要被其他诱惑转移了注意力。要记住，对欲望无节制的追求，有时候会毁掉你一生的幸福。

# 放弃也是一种成功

　　放弃对于每一个人来说都是件痛苦不堪的事情，然而适时的放弃也是一种成功。适时的放弃能让你腾出精力去做更有意义的事情，从而避免浪费有限的资源，集中精力去做最重要的事，这样更容易成功。

　　敢于放弃、适时放弃对事业的成功有着直接的帮助。

　　放弃令人痛苦不堪，这既表现在它会带来如刀割般的痛苦，还表现在人们不易把握放弃的时间。当你确定现有的资金无法支撑你到新的资金注入时，就应该果断放弃。如果你一定要坚持到弹尽粮绝，那样麻烦就会更大，不要以为天上会掉馅饼下来。当市场发生重大变化，使你的核心竞争力大大降低，而你又无法拿出应对措施时，就要果断放弃，否则你可能连东山再起的机会也没有了。

　　创业成功的事迹大家看过不少，纵观创业者的创业历程，很少有人是一次成功的，基本上都是经历了许多坎坷，进行了多次业务转型。这是因为创业者初期的主观意愿总是跟实际情况有一定的距离，需要不断调整和转变，而每一次调整和转变都意味着一次放弃，直到最后市场机遇与企业资源达到相互吻合的状态。但随着市场的变化，他们还会转变，还会放弃，并不断转变，不断放弃，这或许就是做生意的基本规则。所以，放弃不等于失败，也可以是另一种成功。

许多创业者都曾盲目地坚信"胜利往往存在于再坚持一下的努力之中"，尽管企业把成本一压再压，甚至连个人生活质量都被降到最低，但最后还是被迫放弃。

这种行为实属幼稚无知。说幼稚是因为这样的创业者违背了"生意不是赌博"这个基本原则，明知无望还在希冀能够出现奇迹；说无知是因为这样的创业者不完全理解创业的真实目的。其实，创业就是为了获得"第一桶金"，而这一桶金来自哪个项目并不重要。商场的机会比比皆是，只要你有心，放弃一个肯定就会找到另一个，"非你不娶，非你不嫁"的理念属于爱情，不属于生意。

越不想失去，失去的就越多。该失去的东西迟早要失去，我们无可奈何。而有的人对明知要失去的东西，却死都不肯放手。一部快要报废的汽车，因不想它报废而继续开着，直到车毁人亡；一场维持不下去的婚姻，如果好聚好散的话，还可以留下一份感情，否则只会闹上法庭；一个势必失去的职位，如果痛快潇洒地离开，人家可能还会给你另一个职位，尽管可能没有以前的好，但总比没有的好。因为太想占有那个职位，便非要不遗余力地再争夺一番，结果可能连另一个职位也得不到。

# 天下没有免费的午餐

在你得到东西之前，要先付出一些东西。收获不会凭空而降，不劳而获的事是徒然的空想，不切实际。

不付出，必然一无所获。农民收获了粮食，是因为付出了汗水；工人领到了工资，是因为付出了辛劳。有了辛勤的付出，人生的天平才不会发生倾斜。白日做梦的人，总是生活在失望里。

在数百年前，一位聪明的老国王召集了一些聪明人，交代了一个任务："我要你们编著一部各时代的智慧录，以便留给我的子孙们。"这些聪明人离开老国王以后，工作了很长一段时间，最后终于完成了一部十二卷的巨作。老国王看完后说："各位先生，我确信这是各时代的智慧结晶，但是它太厚了，我怕子孙们不会去读完它，所以把它浓缩一下吧！"这些聪明人又经过长期的努力工作，几经删减之后，把书浓缩成了一卷。但是老国王还是觉得书太厚了，又命令他们继续浓缩。这些聪明人把书浓缩为一章，然后浓缩为一页，接着浓缩为一段，最后则浓缩成了一句。老国王看到这句话时非常满意地说："各位先生，这才是各时代的智慧结晶啊，并且子孙们一旦知道这个真理，我所担心的大部分问题就能解决了。"

这句话是："天下没有免费的午餐。"

如果我们领悟了这句话的真谛，还会想入非非吗？

不幸的是，许多人站在生命的火炉前会说："火炉，请给我一点温暖，然后我给你加进一些木柴。"

秘书往往会跑到老板那里说："给我加薪，我会做得更好。"

推销员时常到老板那里说："提升我为销售经理，我就有机会变得能干，虽然我还没有做出什么成绩。不过，一旦让我升职，我就能做得更好，我会证明给你看的。"

有的学生会对老师说："我要是把这学期不好的成绩单带回家，父母就会惩罚我。所以，老师，如果你这学期给我好成绩，我下学期一定会努力的。"

一位农夫祷告说："如果今年让作物大丰收的话，那么我明年会好好耕种。"

总而言之，他们说的是："给我报酬之后，我才会生产。"

然而，生命并不是这样运行的，在你期望得到东西以前，必须加进去一些东西才行。

> 一位名叫巴那德的农夫正在打水。工作了几分钟后，他满头大汗。此时他开始问自己，为了得到水，自己应该做多少工作才合算。他关心自己付出的努力能有多少回报。他的同伴吉米说："巴那德，这里的井都是深井，深井里都有清洁、甘甜、纯净的水。"
>
> 这时，巴那德已经非常疲惫，他停住手说："吉米，这口井里没有水。"吉米很快跑过来，抓住吸筒的柄继续打水，说："现在不能停，巴那德，如果你现在停止工作，水就会倒流回去，那你就要从头开始了。"
>
> 人生同样如此，没有一个成功的人会半途而废。

打水时，你无法从吸筒的外部看出，到底是要抽两下还是两百下才会有水流出来。在生命的旅途中，你也无法看出明天到底会不会有重大的突破，或许你需要一个星期、一个月、一年甚至更长的时间才会获得成功。

# 将"得"与"失"看开

　　一艘船在海上遭遇风浪，不幸沉没了，唯一的幸存者被冲到了一座荒岛上。幸存者每天站在海边向远方张望，希望有船将他救出。可是，时间一天一天过去，他望眼欲穿，仍然没有看到船的影子。

为了生存下去，他从岛上捡来了一些树木枝叶，为自己营造了一个家。可是，意外发生了。有一天，当他外出寻找食物的时候，无情的大火将他的家烧为灰烬。他只能看着滚滚浓烟消散在空中，悲痛欲绝。

第二天早晨，当他还沉浸在痛苦的睡梦中时，浪拍打船体的声音惊醒了他。海面上驶来了一艘大船，他得救了。

过后，他问船上的人："你们是怎样发现我的？"对方回答："是因为你燃放的烟火信号。"

通过这个故事，我们可以得到一些启示：人的一生总在得失之间，在失去的同时，往往另有所得。只要明白这个道理，就不会为曾经的失去而闷闷不乐，就能生活得安心。

现实生活中，大家都愿意得到，而不愿失去，但是"塞翁失马，焉知非福"？有句话说得好："失之东隅，收之桑榆。"失去固然可悲，但谁又能说幸运不会随之而来呢？

庸人自扰，
人生不必太计较

# 生活中不必过于计较

美国前总统林肯说："宁可给一条狗让路，也比和它争吵而被它咬一口好。如果被咬，即使把狗杀掉，也无济于事。"

有一天，几个人闯进美国总统麦金莱的办公室，并向他提出一项建议。为首的是一个议员，他性格暴躁，开口就用难听的话对麦金莱大喊，而麦金莱却显得很冷静。他明白，现在做任何解释，都会导致更激烈的争吵，这对于保持自己的想法很不利。他沉默不语，听着这些人叫嚷，任他们去发泄自己的怒气。直到这些人都说得口干舌燥了，他才用平静的语气问："现在你们觉得好些了吗？"

那个议员的脸立马红了，麦金莱温和而略带嘲讽的态度使他感到自己好像矮了一截，他仿佛觉得自己粗鲁的批评根本站不住脚。

后来，麦金莱向他解释自己为什么要做那个决定，为什么不能更改。那个议员虽没有全部理解，可他在内心已经完全服从麦金莱了。议员回去汇报交涉结果时，只是说："伙计们，我忘了总统说的是什么了，不过他是对的。"

麦金莱凭借过人的自制力，在心理上打了一个胜仗。

有些人喜欢为了争辩而争辩，甚至挑起争端。他们或许会想：这时朋友们和同事们会对我的机智有深刻的印象吧。其实不然，结束了一天工作的人们不喜欢把时间浪费在无休止的争论上。假如这时你挑起争端，他们会避开你，而你将会看到自己被其他好争辩的失败者们围攻。

# 不能太精明

聪明是人的长处，但小聪明则会让人傲了心性，从而导致过失，这就是聪明反被聪明误。真正拥有智慧的人会深藏不露，一般不会轻易使用自己的智慧。然而，现实中有的人往往就是大事糊涂，小事精明，对别人斤斤计较，要求苛刻，希望别人都能按照他们的规定去做事。他们一旦觉得别人没有达到他们的要求，就会大动肝火。

其实，只要是不涉及原则的小错误，人们完全可以睁一只眼闭一只眼，得过且过。对于许多事不能太较真，特别是在人际交往上，因为人与人之间的关系绝对不是普通会话，而是盘根错节的。要是太较真了，就会牵一发而动全身，将关系越搞越复杂，这样到最后自己反而吃不到什么好果子。

拥有大智慧的人将聪明藏在内部，而要小聪明的人则将聪明暴露在外，这值得我们深思。生活中，许多人徒有聪明的外表，但却没有聪明的实质，只会要小聪明。这种人机关算尽，但却总是办出一件件蠢事。相反，真正聪明的人则终究会成功。

> 味丹企业前总裁杨清钦靠开杂货店起家。当时，他在沙鹿市场开了一家只有 4 平方米的杂货店，不但创下一天之内卖出 100 箱味精的纪录，而且每月的营业额相当于 26 家杂货店每月营业额的总和。
>
> 当时开杂货店，难免会有赊欠的情况，可是杨清钦既不催讨，也从来不给人脸色看。就算碰到拖欠不还的情况，他也当是行善助人，毫不计较。
>
> 正是他的这种经营哲学，使得许多拖欠货款的顾客都自惭形秽，不但在有钱的时候马上偿还，而且还主动为杨清钦介绍顾客，这也是他日后生意愈发兴隆的主要缘故。
>
> 杨清钦说："无论是为人处世，还是经营企业，不斤斤计较，大度地宽容别人的过失一直都是我的指路明灯。"

世界是错综复杂的，不顾客观实际，不能具体问题具体分析，而是一味循着自己的思路去考虑问题，这不是一个智者的做法。只有愚人才会如此并引以为傲，最终招灾引祸也是必然的了。脚踏实地，深思熟虑，大事上聪敏机智，小事上装点糊涂，这才是正确的为人处世之道。人生在世不过短短数十载，很多事就如同过眼云烟一般，根本不值得挂念。况且其中许多都是微不足道的小事，我们为何要经常为小事和别人争执呢？要想拓展自己的人脉，就不能过于较真，只要对方的行为不突破我们自己的道德底线，我们大可以睁一只眼，闭一只眼。过于精明，看似是我们赢了，而在本质上我们却早已惨败。

# 不要被小事惹怒

　　一个明智的人，必定能控制住自己所有的情绪与行为，不会像野马那样为一点小事抓狂。当你在镜子前仔细地审视自己时，会发现你既是自己最好的朋友，又是自己永远潜在的强大敌人。

着急还赶上堵车，交通信号灯仍然亮着红灯，而时间很紧，你烦躁地看着手表的秒针。终于，绿灯亮了，可是你前面的车子稳稳不动，因为开车的人注意力不集中，你愤怒地按响了汽车的喇叭，那个人仓促地挂挡，而你却在几秒钟里给自己带来了紧张和不愉快的情绪。

研究应激反应的专家理查德·卡尔森说："我们的恼怒有80%是自己造成的。"卡尔森把防止过于激动的方法归结为这样的话："请冷静下来！要承认生活处处充满了不公正。任何人都不是完美的，任何事情都可能会临时发生变化。""应激反应"这个词从20世纪50年代起才开始被医务人员用来解释身体和精神对极端刺激（噪声、时间压力和冲突）的自我防御、保卫反应。

现代研究表明，应激反应是在头脑中产生的。即使是在非常轻微的恼怒情绪中，大脑也会受控分泌出更多的应激激素。这时呼吸道扩大，使大脑、心脏和肌肉系统吸进更多的氧气，血管扩大，心跳明显加快，血糖水平升高。

埃森医学心理学研究所所长曼弗雷德·舍德洛夫斯基说："短时间的应激反应是无害的，但长时间的应激反应会产生严重影响。"他还补充道："使人感受到压力是长时间的应激反应。"他的研究结果表明：61%的人感到在工作中不能轻松上阵，30%的人因为觉得不能处理好工作和家庭之间的关系而有压力，20%的人埋怨自己同上级的关系紧张，16%的人说在平时的路上都会精神紧张。

理查德·卡尔森一直恪守的人生准则是："不要让小事情牵着鼻子走。"他说："要冷静，要理解别人。"他的建议是：表达出感激之情，别人会感到高兴，同时自己也会感到很快乐。

总之，要善于听取别人的意见，这样不仅会使你的生活更加有意思，而且别人也会更喜欢你。不要固执地坚持自己的意见，这样会浪费许多宝贵的精力。不要老是寻找别人的缺点，不要打断别人的谈话，不要让别人为你的失误负责。要勇敢面对事情不成功的事实，天不会因此而塌下来。请放弃事事都必须做得完美的想法，因为你自己也不是完美的。这样你会发现，生活其实很轻松。

# 过分较真不可取

金无足赤，人无完人。生活中要避免过分较真，适时放下，也许你就会收获很多意想不到的快乐。

一位教授在给别人上心理咨询课时听到一个妇女说："每当我丈夫从中间挤牙膏时，我就会抓狂。大家都知道，应该从尾端向开口处挤嘛！"

　　这个现象引起了教授的注意，为此，教授在全班做了一次牙膏挤法的调查。调查结果显示，只有约一半的人认为，牙膏应由尾端向前挤；另一半的人则认为，牙膏应从中间向前挤。

　　当然，重点并不是牙膏从什么地方开始挤，而是将牙膏挤到牙刷上面，至于牙膏是如何附着到牙刷上的，实际上并不重要。如果真的有关系，就是我们的内心在作怪！

　　一位心理学家用"模式"称呼这种一成不变的行为方式。"我们的脑子里塞满了一堆惯性动作和行为模式。"她解释道，"假使我们无法跳出固有的思考及行为模式，那么在与别人相处时，我们便会被激怒，而且会变得跟周遭的人、事、物格格不入。"

　　当教授在心理咨询课上分享"模式"的概念时，多数人说出了一些荒唐好笑、刻板思考的模式：一位妇女坦言，自己常为了卫生纸卷的方向"错误"而郁闷，她唯一满意的卫生纸卷的方向是由墙边向外转；一位男士则说，每天早上他的车都停在火车站的某一"特定"停车位，假使哪天车位被他人占用，他就会觉得"今天一定是个倒霉日"；还有一位同学说，只要他的慢跑长袜被"错误"折叠，他就会冒出无名的火气。

　　心理学家告诉我们："真正的解脱在于找出这样的模式并将它打破。可以在某一天开车上班时尝试不同的路线，尝试新发型，或者将房子里的家具换掉……做任何可以防止自己停滞不前的新鲜事。"

　　因此，教授建议那位寻找特定停车位的男士一星期之内都特意不将车停在那个"特定"停车位上，看看会发生什么事。第二个星期他再来上课时，脸上满是笑容地说："我照着你的建议去做了！不但什么倒霉事都没发生，而且我过了好几天幸运日！现在我明白了，以前是被自己的想法禁锢了。如今我已解脱，愿意将车停在哪儿就停在哪儿！"

其实，我们都拥有自由的心灵，不为任何事物所捆绑；我们都享有自由，不论汽车停在哪个停车位，或是牙膏怎么挤。

为了活着，我们必须与周遭的万物和谐共处，我们不能将自己局限于某种不变的模式下。

一位东方的哲学家曾说过："快乐的秘诀在于'停止坚持自己的主张'。"

我们必须分辨清楚，到底是生活圈住了我们，还是我们困住了自己。实现快乐的唯一方式就是不被任何思维模式禁锢，要达到这一目的，我们就必须管理好自己的思想。

# 小事糊涂，大事计较

在两千多年前的雅典，政治家伯里克利曾经给人类留下一句忠告："请注意啊，先生们，我们过多地纠缠于一些小事了！"这句话对今天的人们来说，仍然值得细细品味与斟酌。

生活就是由无数件小事组合而成的。每个人的生活中，小事都是无处不在、无时不有的。如果你过多地算计、计较小事，那么人生就根本没有什么乐趣可言了。

试想一下，你挤公共汽车时，有人不小心踩了你的脚；你去买菜时，有人无意间弄脏了你的裙摆……此时此刻，如果你不是大事化小、小事化了，而是口出污言秽语，大发雷霆，说不准还会惹出什么麻烦。

20世纪80年代末，某地发生了这样一件事：有一个年轻女子在看电影时，被旁边的男观众不小心碰了一下脚，尽管男观众当面表达歉意，但那名女子仍然不肯罢休。她硬说对方是耍流氓，最后竟然回家叫来丈夫，用刀将那个人砍伤解气。当然，因触犯刑律，夫妻俩双双入狱。

医学研究表明，做事斤斤计较不但容易损害人际关系，而且对自己的身体也有损害。唐代著名诗人李贺思维敏捷，才华过人，连当时的大才子韩愈也对他写的诗赞不绝口。只可惜他总为一些小事而郁郁寡欢，愁肠百结。最后，他只活了二十余岁，不失为文学史上一大遗憾。

那些成功人士，无不是"小事糊涂，大事计较"的人。然而，只要我们认真观察那些计较小事的人，便会发现他们往往是"大事糊涂"的人。显然，人的精力和时间都是有限的，如果对小事计较得过多，那么对大事的注意力和处理能力必然会弱化，甚至无心顾及。

通常，喜欢计较小事的人私心欲也很强，他们过多地考虑个人的得失，如面子、利益、地位等，而这些东西又最容易使人动感情。因此，对小事过于在意的人往往容易意气用事，一旦感情高于理智，就会不顾及后果，不考虑别人的接受程度。如此这般，就会影响正常的人际关系，从而在社会上失去别人的尊重及谅解。

# 贪心是绝望的开始

无论在什么境况下，只有知足的人，才是真正富足之人。

一股细细的山泉沿着窄窄的石缝，缓慢地向下流淌，数年之后，竟然在岩石上冲刷出一个鸡蛋大小的浅坑，里面填满了黄灿灿的金砂。

有一天，一位砍柴的老汉来喝水，偶然发现了这浅坑中的金砂。惊喜之下，他小心翼翼地捧走了它们。

从此，老汉不再吃苦砍柴，每隔几天就来取一次金砂，很快日子便富裕起来。

老汉虽嘴上不说，但他的儿子还是发现了这个秘密，并埋怨他不告诉自己这件事，不然早发大财了。

儿子让父亲拓宽石缝，扩大山泉，因为他认为这样流水就能冲来更多金砂。

父亲想了想，认为儿子说的话有道理。随后，父子俩便找来工具，叮叮当当地把窄窄的石缝凿宽了几倍，随后又把坑凿深了。

父子俩想到今后可以发大财了，便高兴地喝得烂醉。但是，金砂不但没增多，反而慢慢消失了。父子俩非常失望。

　　这对父子贪婪的举动不但没有让他们得到更多的金子，却连原本的微利也失去了。当人太贪心时，最终什么也得不到。

　　古希腊哲学家德谟克利特说："希望获得不明的财富，是绝望的开始。"

　　人若不能学会知足与珍惜，终究会为自己的行为感到后悔。"希望得到更多"的念头，只会让我们受尽折磨。对生活现状的种种不满会一点点浇灭我们对生活的热情与希望，这样我们每天只剩下沮丧和埋怨。

　　其实，晚上睡觉需要的地方只不过一张床那么大，每天吃的也只不过是三餐，我们要再多的土地、钱财又能有什么用呢？拥有许多我们用不到的事物，这是富有吗？

　　一位大商人非常富有，他有一群驮货的骆驼，还有几十名仆人听他的吩咐。

一天晚上，他邀请朋友萨迪到他家做客。整整一夜，这位大商人不断诉说自己的生活琐事和事业上的激烈竞争。他谈到自己在土耳其和印度的财产，谈到自己的土地面积，还取出珠宝让萨迪欣赏。

"萨迪啊，"他说，"我马上又要出远门做生意了，等这次旅行回来，我要休个长假。我早就想休息了，这是我一直以来最想做的事。我想做的事还有把波斯的硫黄卖到中国，然后把中国的瓷瓶卖到罗马，把罗马的商品卖到印度……"虽然大商人面带忧伤，可他仍滔滔不绝地向萨迪讲述着他所计划的生意，而萨迪则抱着怀疑的态度在听。"等一切都结束了以后，我就要过一种和普通人一样的平静生活，我要认真反省我自己，这就是我的最终目标。"大商人补充道。

一心只想着财富，又如何能够真正做到知足呢？事实上，你即使没有黄金百两，但是只要有一颗知足的心，一样可以活得很开心。

美国作家爱默生曾经说："贫穷只是人的一种心理状态，正因为你觉得自己穷，所以你就会穷。"

我们如果无法说服自己，学会知足与珍惜一切，那么无论如何也不能成为一个"富足"的人。